职业教育"十四五"新形态教材·无人机应用技术

无人机结构与系统

（第 2 版）

于坤林　唐　毅　编著

西北工业大学出版社

西 安

【内容简介】 本书在《无人机结构与系统》第1版的基础上修订而成。全书共分为5章。第1章对无人机系统进行概述。第2章介绍无人直升机、多旋翼无人机、固定翼无人机、复合构型无人机的结构与飞行原理。第3章介绍无人机燃油动力、电池动力、油电混合动力等动力系统。第4章介绍无人机飞控系统和导航系统。第5章介绍无人机电气、通信链路、发射与回收、地面站与任务规划、任务载荷等其他系统。本书内容全面,深入浅出,通俗易懂,读者通过学习能够掌握无人机结构与系统有关知识,每章有内容提示、教学要求和内容框架图,同时配有相应的思考题,可以巩固学习效果。

　　本书适合作为职业院校无人机应用技术专业无人机结构与系统课程的教材,也可作为广大无人机爱好者的自学用书,为广大无人机爱好者、无人机制造者、无人机运营者和无人机操纵员提供学习参考。

图书在版编目（CIP）数据

　　无人机结构与系统/于坤林,唐毅编著.—2版
.—西安:西北工业大学出版社,2021.2(2023.1重印)
　　ISBN 978-7-5612-7282-4

　　Ⅰ.①无… Ⅱ.①于… ②唐… Ⅲ.①无人驾驶飞机
-结构-高等职业教育-教材 ②无人驾驶飞机-飞机系统
-高等职业教育-教材　Ⅳ.①V279

　　中国版本图书馆 CIP 数据核字(2021)第 022894 号

WURENJI JIEGOU YU XITONG

无 人 机 结 构 与 系 统

责任编辑:杨　军		策划编辑:杨　军	
责任校对:孙　倩		装帧设计:董晓伟	

出版发行:西北工业大学出版社

通信地址:西安市友谊西路 127 号　　邮编:710072

电　　话:(029)88491757,88493844

网　　址:www.nwpup.com

印 刷 者:兴平市博闻印务有限公司

开　　本:787 mm×1 092 mm　　1/16

印　　张:12.5

字　　数:328 字

版　　次:2016 年 9 月第 1 版　2021 年 2 月第 2 版　2023 年 1 月第 4 次印刷

定　　价:49.80 元

第 2 版前言

随着无人机技术的不断发展,无人机已在摄影测量、电力巡查、消防救援、公安巡检、森林防护、动态监控、农业植保、城市管理等领域得到了广泛应用,无人机产业的高速发展急需大量的无人机应用技术专业人才,针对当前职业院校该专业缺乏合适的教材,满足不了行业发展以及专业建设需要的现状,西北工业大学出版社于 2015 年 9 月在成都召开了全国职业院校无人机应用技术专业教材建设研讨会议。根据会议精神,决定开发建设一套全国职业院校无人机应用技术专业的系列教材,这本书就是无人机应用技术专业系列教材之一。

《无人机结构与系统》第 1 版自 2016 年出版以来,受到了广大读者的欢迎,先后进行了 8 次重印。为了进一步适应现代无人机技术的发展,也为了全面提高出版质量,特在第 1 版的基础上按照教学要求进行了修订。

本次修订增加了一些无人机结构与系统方面新的技术和内容,同时将第 1 版的内容做了一些删减和整合,具体修改内容包括:在无人机动力系统这一章(第 3 章)里,增加了油电混合动力系统的内容,在原来的电池动力系统中增加了直流有刷电机、直流无刷电机、空心杯电机等相关电机的内容,同时也增加了太阳能电池和氢燃料电池等新能源电池的内容;在无人机结构与飞行原理这一章(第 2 章)里,增加了复合构型无人机结构与飞行原理的内容;在无人机导航飞控系统这一章(第 4 章)里,增加了格洛纳斯(GLONASS)导航系统和北斗卫星导航系统等导航系统的内容,同时增加了气压计、超声波传感器以及光流传感器等传感器的内容;将第 1 版中的第 2 章和第 3 章内容整合为一章内容;第 4 章无人机导航飞控系统,内容包括无人机飞控系统、无人机导航系统、无人机舵机、无人机传感器、无人机遥控器等。第 5 章无人机其他系统,内容包括无人机电气系统、无人机通信链路系统、无人机发射与回收系统、无人机地面站与任务规划系统、无人机任务载荷等。同时,本书为了提升读者的学习兴趣,在正文相应位置以二维码的形式增加了相关学习微视频内容。修订后,本书内容结构更加合理、知识体系更加完善,以便读者更好地学习无人机结构与系统相关内容。

本书配有相应的教学课程资源,敬请任课教师登录 http://nwpup.iyuecloud.com/ 下载使用。

本书章节编写如下:第 1 章,第 3 章,第 4 章由于坤林编写;第 2 章,第 5 章由于坤林、唐毅编写。全书由长沙航空职业技术学院无人机应用技术教研室于坤林教授负责统稿。

在编写本书过程中得到了无人机制造和应用相关企业的大力支持,湖南中电金骏科技集团有限公司、湖南斯凯航空科技股份有限公司等为教材的编写提供了基础资料和有益帮助,刘桂钧高级工程师和刘鑫高级工程师对本书的编写提出了宝贵的意见,在此表示衷心感谢!

承蒙西北工业大学民航学院刘贞报教授审阅了全稿,并且提出了许多宝贵的意见,在此表示衷心感谢。

本书内容全面,深入浅出,通俗易懂,适合作为职业院校无人机应用技术专业无人机结构与系统课程的教材,还可以作为从事无人机应用、生产等无人机企事业单位的相关培训教材,以及广大无人机爱好者的自学用书。

在编写本书过程中,参考了国内外有关文献资料,在此表示感谢。

由于水平有限,书中不妥之处在所难免,恳请读者批评指正。

编著者

2020 年 4 月

目 录

第1章 无人机系统概述

内容提示

当前无人机无论是在军用领域还是在民用领域都得到了比较广泛的应用。本章主要讲述无人机与航模的区别,以及无人机的分类、组成、参数、用途和发展趋势。

教学要求

(1)了解无人机的分类;

(2)了解无人机与航空器航模的区别;

(3)掌握无人机系统的组成;

(4)掌握无人机的性能指标;

(5)了解无人机的用途及发展趋势;

(6)培养学生的家国情怀,坚守职业道德和匠心精神;

(7)践行社会主义核心价值观,以增强学生深厚的爱国主义情感和中华民族自豪感。

内容框架图

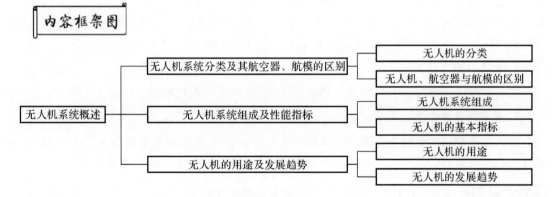

1.1 无人机分类及其航空器、航模的区别

1.1.1 无人机的分类

无人机可按飞行平台构型、用途、尺度、活动半径、任务高度、飞行速度、使用次数等方法进行分类。

— 1 —

1. 按飞行平台构型分类

无人机按飞行平台构型分类可分为固定翼无人机、旋翼无人机、无人飞艇、伞翼无人机和扑翼无人机等。其中固定翼无人机、旋翼无人机应用比较广泛。

2. 按用途分类

无人机按用途分类可分为军用无人机和民用无人机。军用无人机可分为侦察无人机、诱饵无人机、电子对抗无人机、通信中继无人机、无人战机和靶机等；民用无人机可分为巡查/监视无人机、农用无人机、气象无人机、勘探无人机和测绘无人机等。

3. 按质量分类

无人机按质量分类可分为微型、轻型、小型和大型无人机。微型无人机是指空机质量小于等于7 kg的无人机。轻型无人机是指空机质量大于7 kg，但小于等于116 kg的无人机。小型无人机是指空机质量大于116 kg，但小于等于5 700 kg的无人机。大型无人机是指空机质量大于5 700 kg的无人机。

4. 按活动半径分类

无人机按活动半径分类可分为超近程无人机、近程无人机、短程无人机、中程无人机和远程无人机。超近程无人机活动半径在15 km以内，近程无人机活动半径在15～50 km之间，短程无人机活动半径在50～200 km之间，中程无人机活动半径在200～800 km之间，远程无人机活动半径大于800 km。

5. 按任务高度分类

无人机按任务高度分类可以分为超低空无人机、低空无人机、中空无人机、高空无人机和超高空无人机。超低空无人机任务高度一般在0～100 m之间，低空无人机任务高度一般在100～1 000 m之间，中空无人机任务高度一般在1 000～7 000 m之间，高空无人机任务高度一般在7 000～18 000 m之间，超高空无人机任务高度一般大于18 000 m。

6. 按飞行速度分类

无人机按飞行速度分类可分为亚声速无人机、超声速无人机和高超声速无人机。

7. 按使用次数分类

无人机按使用次数分类可以分为单次和多次。单次使用无人机发射后一般不收回，也不需要在机上安装回收系统。多次使用无人机则指重复使用的、要求回收的无人机。

1.1.2 无人机、航空器与航模的区别

无人机是利用无线电遥控设备和自备的程序控制装置操纵的具有一定功用的不载人飞行器，它包括固定翼无人机、无人直升机和多旋翼飞行器等。无人机通常由三个部分组成：飞行平台、控制系统和任务载荷。

航空器从其功用看，航空器可以分为载人航空器和不载人航空器两大类。载人航空器包括飞机、直升机、动力伞、观光气球和飞艇等，不载人航空器包括无人机、探空气球、飞艇和航模等。

航空模型是各类航空器模型的总称，简称航模，分为动态航空模型和静态航空模型两大类。动态航模简称动模,主要是指能通过遥控控制的可飞行的航空器模型;静态航模简称静模,主要是用于观赏或验证气动外形的与航空器原型有很大相似度的模型。

无人机与航模的主要区别有以下三个方面。

1. 飞行平台

无人机的外形尺寸和形式可谓琳琅满目。技术先进、高大雄伟的如美国 RQ-4 全球鹰无人机,如图 1-1 所示,小巧玲珑、精妙绝伦的如英国 SQ-4 Recon 间谍机,其貌不扬却威力惊人的 Switchblade 弹簧刀自杀式无人机,亦有可下田打药、上山航拍的日本 rmax 无人直升机等,植保无人机如图 1-2 所示。但无一例外的是,其设计平台和系统的制造均遵循严格的工程应用要求,采用先进的制造技术,并要求具备较高的可靠性,以满足其功用的需要。而航模仅为满足单一的观赏或竞技需求而设计的用于娱乐休闲及竞技运动的航空器,其飞行平台的技术水平远不及无人机。航模如图 1-3 所示。

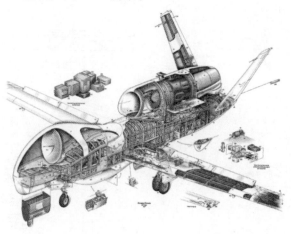

图 1-1　RQ-4 全球鹰无人机

图 1-2　植保无人机

图 1-3　航模

2. 控制系统

无人机具备飞行控制系统或自动驾驶仪,可自主控制,亦可人工遥控控制,并能实现速度矢量控制。而航模仅能通过遥控器直接操控其舵面,从而实现转向、爬升等操作。

3. 任务载荷

无人机搭载一定的任务载荷,具备一定的功用,而航模用于娱乐休闲和航模竞技等体育运动。

1.2 无人机系统组成及性能指标

1.2.1 无人机系统组成

1. 飞行器

飞行器是无人机系统中的空中飞行部分,包括飞机机体、推进装置、飞行操控装置、供电系统。飞行数据终端被安装在飞机上,它是通信数据链路的机载部分。有效载荷显然是机载的,但它却被认为是独立的子系统,能够在不同的飞行器之间通用,并且经过特别设计,能够完成各种不同任务。飞机可以是固定翼式、旋转翼式或风管式。轻型飞行器也可称为无人机。典型的飞行器如图 1-4 所示。

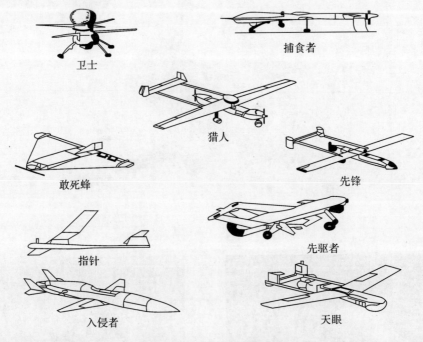

卫士

捕食者

猎人

敢死蜂

先锋

指针

先驱者

入侵者

天眼

图 1-4 典型的飞行器

2. 发射与回收设备

发射与回收的技术有多种,从场地上进行的常规起飞及降落,到使用旋转翼或风扇系统垂直降落等。弹射也是无人机常用的发射方式,它使用引爆式火箭或气动、液压两者结合的方式。着陆拦阻网及装置被用于在地域不大的地区内截获固定翼飞机,伞降回收及翼伞回收应用于狭小地域的定点回收。旋转翼及风扇动力飞机的优点之一是不需要复杂的发射及回收设备。然而,即使是旋转翼飞机,在颠簸起伏的船只甲板上进行的操作也需要稳定设备,除非船只的摆动可以被减至最小。

3. 任务载荷

任务载荷指的是无人机执行任务所需携带的任务设备。携带有效载荷是使用无人机系统的主要原因,而且有效载荷通常是无人机最昂贵的子系统,包括用于完成侦察任务的日间摄像机及夜间(红外)摄像机。无人机系统也使用照相机。如果需要确定目标的话,可以在成像设备上加上激光设备,但造价大大增加。雷达传感器(活动目标显示器及合成孔径雷达)也是无人机实施侦察任务的重要有效载荷的一部分。

4. 通信链路

无人机通信链路需要使用无线电资源,目前世界上无人机的频谱使用主要集中在 UHF、L 和 C 波段。目前我国工业与信息化部无线电管理局制定了《无人机系统频率使用事宜》,其中规定:

(1) 840.5～845 MHz 频段可用于无人机系统的上行遥控链路。

(2) 1 430～1 446 MHz 频段可用于无人机系统下行遥测与信息传输链路。其中 1 430～1 434 MHz 频段应优先保证警用无人机和直升机视频传输使用,无人机在市区应用时,应使用 1 442 MHz 以下频段。

(3) 2 408～2 440 MHz 频段可用于无人机系统下行链路,该无人机无线电台工作时不得对其他合法无线电业务造成影响,也不能寻求无线电干扰保护。

通信链路由机载链路设备和地面链路设备组成。机载链路设备是指无人机上用于通信联络的电子设备。机载电台一般由发信机、收信机、天线、控制盒和电源等组成。发信机和收信机是机载电台的主体,一般安装在飞机电子舱或靠近天线处,通过电缆与控制盒连接。视距内通信的无人机安装有全向天线,需要进行超视距通信的无人机一般采用自跟踪抛物面卫星通信天线。

民用通信链路的地面终端硬件一般会被集成到控制站系统中,称作地面电台,部分地面终端会有独立的显示控制界面。视距内通信链路地面天线采用鞭状天线、八木天线和自跟踪抛物面天线,需要进行超视距通信的控制站还会采用固定卫星通信天线。

5. 任务规划和控制站

任务规划与控制站,也称无人机地面站,是无人机系统的应用指挥中心,从无人机传输过来的图像、指令及遥测数据在此进行处理及显示。数据通常通过地面终端进行中转,地面终端是数据链路的地面部分。

任务规划与控制站由任务规划设备、控制及显控台、图像及遥测设施、计算机及信号处理器、地面数据终端、通信设备、环境控制及生存能力保护设备组成。主要包括以下内容:

(1) 指挥处理中心。指挥处理中心主要是制定无人机飞行任务、完成无人机载荷数据的处理和应用。指挥中心/数据处理中心一般都是通过无人机控制站等间接地实现对无人机的控制盒数据接收。

(2) 无人机控制站。无人机控制站主要是由飞行操纵、任务载荷控制、数据链路控制和通信指挥等组成,可完成对无人机机载任务载荷等的操纵控制。

(3) 载荷控制站。载荷控制站只能控制无人机的机载任务设备,不能进行无人机的飞行控制。

6. 地面支援设备

地面支援设备变得越来越重要,因为无人机系统是一种高精尖的电子系统,也是复杂的机械系统,地面支援设备除包括移动无人机所需的设备(如将无人机放置到发射架上)外,还包括测试及维护设备。

1.2.2 无人机的基本指标

无人机的基本指标主要有以下几个方面。

1. 续航时间

续航时间是检验无人机持续完成任务能力的重要标准,执行不同类型任务的无人机对续航的要求是不同的。

2. 航程

决定无人机航程的因素有机体结构、翼型、发动机、携带能量等,当然无人机的控制系统对航程也有着不可忽视的影响。

3. 飞行高度

无人机的飞行高度就是升限,是指无人机能够维持平飞的最大高度,是一项重要的性能指标。

4. 飞行速度

飞行速度对于无人机来说也是一项重要的性能指标。

5. 机体尺寸

无人机机体的尺寸能够影响其使用性能和抵抗恶劣环境的能力。

6. 有效载荷质量

有效载荷质量是衡量无人机能够携带任务载荷多少的重要指标。

7. 爬升率

爬升率是指在一定飞行质量和一定的发动机工作状态下,无人机在单位时间内上升的高度。

8. 经济型

无人机的设计、制造和维护成本是一项重要的指标,它是由无人机要执行的任务重要性来决定的。

9. 可靠性

可靠性是指在执行预期任务期间,无故障运行的可能性。良好的可靠性是无人机稳定使用的重要保障。

10. 发射回收方式

发射回收方式直接影响无人机的易用性。常用的发射方式有轨道发射、火箭发射、滑跑发射、空中发射和垂直起飞等;常用的回收方式有降落伞回收、空中回收、拦截网回收、起落架滑轮着陆、气垫着陆和垂直着陆等。

1.3　无人机的用途及发展趋势

1.3.1　无人机的用途

无人机在民用领域内的用途多种多样,总的来说主要有以下几种。

1. 航拍摄影/飞行表演竞技/极限运动自拍

传统的航摄直升机体积庞大、维护成本昂贵、摄像师工作辛苦且危险。多旋翼无人机通过云台携带高清摄像机,不仅将传统航摄的大场面发挥得淋漓尽致,而且以其机动灵活的特点达到动感震撼的视频效果。

2. 农药喷洒/虫灾监测/森林防护/牧场管理

无人机携带农药可进行超低空喷洒,操作简单,较人力喷洒大幅提高了效率,降低了成本;较有人飞机作业降低了飞行高度,提高了喷洒精度,避免了农药浪费和扩散引起的伤害。其携带病虫色谱摄影设备,可对农林植被进行病虫害监测和预警;携带实时图传或热成像仪等,又可在大面积无人森林的火灾预防、偷伐制止等方面发挥巨大作用。

3. 电力巡检/架线/电网"大数据"建设

现代无人机可以穿越高山、河流对输电线进行快速巡线,专用的无人机也可以在恶劣环境中开展架线工作,节约工作成本,保障人员安全。2015 年 4 月 9 日,济南市供电公司输电运检室联合山东电力集团公司电力科学研究院对四基跨黄河大跨越高塔开展了无人机巡视工作。无人机巡视具有不受高度限制、巡视灵活、拍照方便和角度全面的优点,特别适合于大跨越高塔的巡视,弥补了人工巡视的不足。

4. 路况勘察/事故取证/交通疏导/智慧交通

我国各大城市道路拥堵严重,尤其是在发生交通事故时,不但容易造成邻近路段交通瘫痪,而且执法和救援车辆也无法及时到达事故现场。无人机可快速低空飞抵事故现场,第一时间进行执法拍摄取证;通过图传功能将空中俯瞰的整体交通情况反馈到指挥中心,便于交管部门远程指挥疏导。

5. 环境监测/管道巡检/溢油处理/危险采样

无人机遥感可对地面覆盖、水环境及变化情况提供定量和直观的监测,为各级环保部门提供执法判断依据;环保部门曾组织的督查组在京津冀及周边地区开展大气污染防治专项执法督查,安排无人机对重点地区进行飞行检查。无人机已经越来越频繁地被用于大气污染执法。从 2013 年 11 月起,环保部门开始使用无人机航拍,对钢铁、焦化、电力等重点企业排污、脱硫设施运行等情况进行直接检查。2014 年以来我国多省使用无人机进行大气污染防治的执法检查,以实现更到位的监管。

携带红外设备的无人机可对深埋地下的输油管道进行快速巡检,通过热成像及时发现油管堵塞或漏油;对于海上溢油事件,无人机可以指挥开展海平面的除污工作;在可能发生爆炸或有毒的区域,无人机可以进行采样,以便及时了解分析灾情。

6. 群体活动监控/罪犯追捕/反恐侦察指挥

在举办大型展会或开展群体活动时,在室外重点区域使用警用无人机,可实现现场全面监控、及时发现和处理意外突发事件;在刑事案件侦破过程中携带追踪设备的无人机,可锁定嫌疑人或车辆,自动跟踪,引导追捕;在人质劫持等反恐案件现场,警用无人机可秘密进入不易接近的区域,除侦察外甚至可以携带小型催泪瓦斯进行空中投掷。

7. 航拍测绘/地质勘查/城市规划/工程建设

与传统的载人飞机相比,无人机遥感具有超低空作业、测控精度高、环境适应性强等明显优势;辅以信息化的地面设备,能更快速甚至实时完成测绘拼图;在地质勘查时,可根据需要自由更换机载设备;在城市规划构建三维建模使城市规划更直观,工程选址更精确,建设布局更科学。

8. 火灾、洪水救援/灾害评估/人员搜救

火灾蔓延的判断、高层建筑起火的救生等方面都是消防工作的重点,无人机可将现场详细情况实时传送至指挥车;当发生洪水时,无人机可携带救生绳或救生圈,并将其投送到需要者身边;中高空无人机可提供洪水受灾面积、地震毁坏程度等评估,为救灾部门提供最真实、最及时的资料;携带生命探测仪的无人机是搜救幸存者的有力工具。

有些海水浴场配备了监测、救生两用无人机,发现有人溺水,无人机第一时间报警、定位并投递救生圈。

9. 快递送货

2015 年 2 月 6 日,阿里巴巴在北京、上海和广州三地展开为期 3 天的无人机送货服务测试,使用无人机将盒装姜茶快递给客户。这些无人机不会直接飞到客户门前,而是会飞到物流站点,"最后一公里"的送货仍由快递员负责。在国外,亚马逊在美国和英国都有无人机测试中心。亚马逊表示其目标是利用无人飞行器将包裹送到数百万顾客手中,顾客下单后最多等半小时包裹即可送到。

10. 保护野生动物

位于荷兰的非营利组织影子视野基金会等机构正在使用经过改装的无人机,为保护濒危物种提供关键数据,其无人机已在非洲广泛使用。经过改良的无人机还能够被应用于反偷猎巡逻。英国自然保护慈善基金——皇家鸟类保护协会也越来越多地将无人机应用于鸟类和自然栖息地的保护工作。

1.3.2　无人机的发展趋势

1. 长航时

高空长航时无人机具有高生存力与高侦察能力,其应用不断得到扩大。美国相关研究认为,未来在 20 000 m 以上高空飞行将不会受到限制。高空长航时无人机将会成为大气层侦察网络的一个重要组成部分。例如,在未来战场上,优秀的滞空能力日益受到无人机使用者的青睐,它能大幅提高无人机遂行作战任务的准确性和攻击性。

2. 隐身技术

新型无人机将采用最先进的隐身技术。一是采用复合材料、雷达吸波材料和低噪声发动机。美军捕食者无人机的机身除了主梁以外，全部采用了石墨合成材料，并对发动机进出气口和卫星通信天线做了特殊设计，其雷达信号特征（RCS）只有 0.1 m²，对雷达、红外和声传感器都有很强的隐身能力。二是采用限制红外反射技术。在无人机表面涂上能吸收红外光的特制漆和在发动机燃料中注入防红外辐射的化学制剂，雷达和目视侦察均难以发现采用这种技术的无人机。三是减少表面缝隙。采用新工艺将无人机的副翼、襟翼等各传动面都制成综合面，进一步减少缝隙，缩小雷达反射面。四是采用充电表面涂层。充电表面涂层主要有抗雷达和目视侦察两种功能。无人机蒙皮由 24 V 电源充电后，表面即可产生一层能吸收雷达波的保护层。根据美军试验后的结果看，可使雷达探测距离减小 40%～50%。

3. 综合感知

未来无人机的发展正朝着系统集成，综合传感方向发展，增强无人机的通用性。例如美军为增强无人机全天候侦察能力，机上安装有光电红外传感器和合成孔径雷达组成的综合传感器。美军捕食者无人机安装有观察仪和变焦彩色摄像机、激光测距机，第三代红外传感器、能在可见光和中红外两个频段上成像的 CCD 摄像机、合成孔径雷达等。使用综合传感器后，无人机既可单独选择图像信号，也可综合使用各种传感器的情报。

4. 智能技术

"捕食者"这类无人机的"操纵-作战"模式会在地面指挥站与无人机之间产生大量的数据交换，因此极易因通信受干扰导致任务失败。另外，由于需要参与无人机的作战决策规划，操纵员的负担很重，在复杂环境下容易出错。这也对无人机操纵员提出较高的心理素质要求和一定经验。因此，美国无人机操纵员大都是退役飞行员。为摆脱这种局限，美国提出无人机的智能化路线图。2020—2025 年间，将研制出可替代 F-15 的无人战斗机，2025—2030 年无人机将替代 F-22。如果美军设想成真，我们的四代机面临的对手可能是无人战斗机。

5. 协同作战

无人机协同作战，包括无人机和有人机的协同以及无人机之间的协同。日本就规划未来用第六代有人战斗机指挥多架无人机进行集团作战。美国也已经成功利用"捕食者"挂载"发现者"小型无人机，后者可在"捕食者"的机翼下实现启动、发射并听令作战。美国 X-47B 无人机还成功实现了空中加油，使无人机发展更进一步。未来无人直升机甚至可以参与巷战，这进一步涉及无人机与人类的直接协同。

6. 微构技术

依靠电子技术的进步，现代无人机及其机载武器可以做得越来越小。美国研制的"长钉"导弹是目前世界最小的导弹，也是无人机的理想携带武器。它长为 63.5 cm，直径为 5.7 cm，质量为 24 kg，采用光学成像制导，每枚价格为 5 000 美元。与现有动辄上百万美元的导弹相比，它真正实现了"合算"地攻击汽车等常规目标的要求。

7. 快飞技术

美国空军的 X-45 无人机，飞行速度可达 6～12 倍声速，飞行方向完全由发动机矢量喷管控制,具备很高的机动性能。美国空军的另一种无人机 X - 51A 采用超燃冲压发动机,这是高超声速飞行器的核心。它的速度为 5 600 km/h,具备全球快速打击能力。日本也坚持在这方面展开积极研究。

8. 空天技术

美国 X - 37B 空天无人飞行器已经展示出无人机在未来太空战斗机领域的优势。空天作战的核心包括空天平台、空天武器、空天自主技术。鉴于太空和超高速环境,空天飞行器依靠人来遥控操纵没有可行性,必须具备自主攻击技术。考虑到常规杀伤手段在太空中会产生无数碎片,因此空天无人作战系统将偏向"软杀伤",例如利用激光令对手卫星失效,或直接用撞网和机械臂将其捕获,或利用电磁波干扰卫星的正常运转。

9. 可靠性

无人机的可靠性与成本密切相关,"捕食者""全球鹰"等大中型无人机与 F - 16 战斗机的事故率相当,但小型无人机的失事概率就大得多。尽管无人机坠毁事故不会带来人身危险,但附带的损伤、政治影响和技术泄露风险不可轻视。

10. 技术设备

外界评估无人机通常只看重平台,忽视了它挂载了任务系统才能产生相应的功能。因此一般来说无人机的价值也受制于其携带的设备,无人机到底执行什么任务是依靠其携带的设备来决定。

思 考 题

1. 无人机按飞行平台构型分类有哪些?
2. 无人机与航模的主要区别有哪些?
3. 简述无人机系统的组成。
4. 无人机的基本指标有哪些?
5. 简述无人机在民用领域中的应用。
6. 无人机未来的发展趋势是什么?

第2章　无人机结构与飞行原理

内容提示

无人航空器平台是无人机系统的重要组成部分。目前主要有单旋翼、多旋翼、固定翼和复合翼等类型的无人机平台,本章将着重讲述各种无人航空器平台的结构、无人机空气动力学及飞行原理。

教学要求

(1)了解无人机空气学基础知识;
(2)掌握无人直升机、多旋翼、固定翼、复合构型无人机的结构组成;
(3)掌握无人直升机、多旋翼、固定翼、复合构型无人机的布局形式;
(4)了解无人直升机、多旋翼、固定翼、复合构型无人机的飞行原理;
(5)培养学生良好的集体意识和团队合作精神。

内容框架图

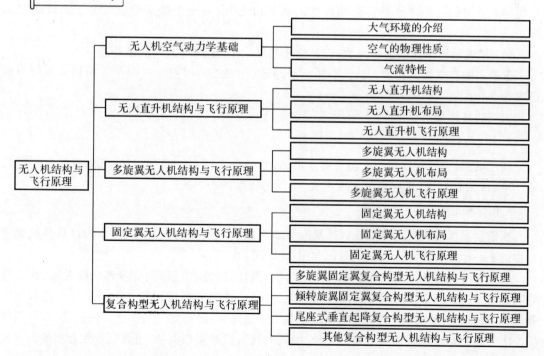

2.1 无人机空气动力学基础

2.1.1 大气环境的介绍

1. 大气的分层

大气层没有明显的上限,以大气中温度随高度的分布为主要依据,可将大气层划分为对流层、平流层、中间层、热层和散逸层 5 个层次,而航空器的飞行环境是对流层和平流层。

(1)对流层。大气中最低的一层为对流层,其中气温随高度增加而降低,空气对流运动极为明显。对流层的厚度随纬度和季节而变化,低纬度地区平均为 16～18 km,中纬度地区平均为 10～12 km,高纬度地区平均为 8～9 km。对流层集中了全部大气质量的约 3/4 和几乎全部的水汽,是天气变化最复杂的层,飞行中所遇到的各种重要天气变化几乎都出现在这一层中。

(2)平流层。平流层位于对流层之上,顶界扩展到 50～55 km。在平流层内,随着高度的增加,起初气温保持不变或者略有升高;到 20～30 km 以上,气温升高很快;到了平流层顶,气温升至 270～290 K。平流层的这种气温分布特征,与它受地面影响较小和存在大量臭氧有关。过去常称这一层为同温层,实际上指的是平流层的下部。平流层中的空气沿铅垂方向的运动较弱,因而气流比较平稳,能见度较好。

(3)中间层。中间层从 50～55 km 伸展到 80～85 km 的高度。这一层的特点是,随着高度的增加,气温下降,空气有相当强烈的沿铅垂方向的运动,这一层顶部的气温可低至 160～190 K。

(4)电离层。电离层从中间层顶延伸到 800 km 高空,这一层的空气密度极小,声波已难以传播。该层的一个特征是气温随高度的增加而上升,另一个特征是空气处于高度的电离状态。

(5)散逸层。散逸层又称外大气层,位于热层之上,是地球大气的最外层。

散逸层的空气极其稀薄,又远离地面,受地球引力较小,因而大气分子不断地向星际空间逃逸。

大气的具体分层如图 2-1 所示。

2. 大气的特性

高度增加,空气密度减小。随着高度增加,空气压力减小。高度增加,气温近似线性降低(11 000 m 对流层内)。空气的湿度越大,空气的密度越小。

3. 国际标准大气

所谓国际标准大气,简称 ISA,就是人为地规定一个不变的大气环境,作为计算和试验飞行器的统一标准。国际标准大气规定如图 2-2 所示。

航空器的飞行性能与大气状态的主要参数(温度、密度、压强等)有着密切的关系,而大气的物理性质(温度、密度、压强等)是随所在地理位置、季节和高度而变化的。为了在进行航空器设计、试验和分析时,所用的大气物理参数不因地而异,必须建立一个统一的标准,即所谓的标准大气。它是由权威机构颁布的一种"模式大气",依据实测资料,用简化方程近似地表示大气温度、密度、压强、声压等参数的平均铅垂分布。按照这个公式计算出来的大气参数沿高度的变化,排列成表,即为标准大气表。例如国际标准规定,以海平面的高度为零。在海平面,大气的标准状态为:气压是 760 mmHg,气温是 15℃,声速是 341 m/s,空气密度是1.225 kg/m³。

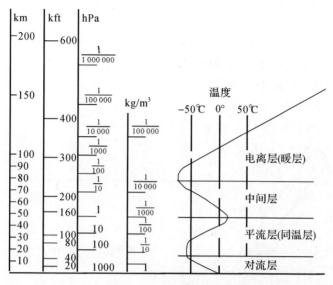

图 2-1　大气的具体分层

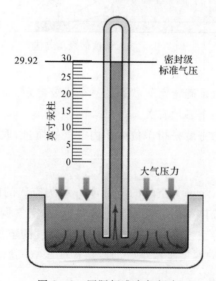

图 2-2　国际标准大气规定

由国际性组织(例如国际民用航空组织、国际标准化组织)颁布的标准大气称国际标准大气,国家机构颁布的称国家标准大气。中国国家标准总局于1980年颁布了《中华人民共和国标准大气》(30 km 以下部分)。应当注意,各地的实际大气参数与标准大气之间是存在差别的。

4.国际标准大气参数

海平面高度为 0,气温为 288.15° K,15 ℃ 或 59 °F。

海平面气压为 1 013.2 mBar(毫巴)或 1 013.2 hPa(百帕)或 29.92 inHg(英寸汞柱)。

对流层高度为 11 km 或 36 089 ft,对流层内标准温度递减率为每增加 1 000 m 温度递减 6.5 ℃,或每增加 1 000 ft 温度递减 2 ℃。从 11 km 到 20 km 之间的平流层底部气体温度为常值。

5.飞行高度

飞行高度是指飞机的重心在空中距离某一基准平面的垂直距离。根据所选基准平面的不同,飞行高度可以分为以下 4 种。

绝对高度:地面海拔高度,相对海平面的高度。

真实高度:相对地面的高度,又称为相对高度。

压力高度:相对标准气压平面的高度。

标准气压高度:相对海平面的高度。

飞行高度的表示方法如图 2-3 所示。

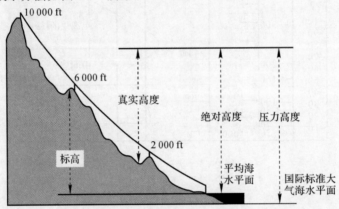

图 2-3　飞行高度的表示方法

6.空气的物理参数

空气的密度、温度和压力是确定空气状态的三个主要参数,飞行器空气动力的大小和飞行器飞行性能的好坏,都与这三个参数有关。

(1)空气的密度。空气的密度是指单位体积内空气的质量,取决于空气分子数的多少,即

$$\rho = \frac{m}{V}$$

式中,ρ 为空气的密度,kg/m³;m 为空气的质量,kg;V 为空气的体积,m³。

空气的密度大,说明单位体积内空气的分子数多,称为空气稠密;空气的密度小,说明单位体积内空气的分子数少,称为空气稀薄。大气的密度随高度的增加而减小。

(2)空气的温度。空气的温度是指空气的冷热程度。空气温度的高低表明空气分子作不规则热运动平均速度的大小。

空气温度的高低可以用温度表(计)来测量。

空气的温度一般用 t 来表示。我国和世界上大多数国家通常采用的是摄氏温度,单位用摄氏度(℃)表示。西方的一些国家和地区采用的是华氏温度,单位用华氏度(℉)表示。摄氏温度(℃)和华氏温度(℉)可以用下式进行换算:

$$℉ = 9/5 ℃ + 32$$
$$℃ = (℉ - 32)5/9$$

(3)空气的压力。空气的压力(也称气压)是指空气的压强,即单位面积上所承受空气垂

直方向的作用力。

1）压力对密度的影响。由于空气是气体,所以它可以被压缩或者膨胀。当空气被压缩时,一定的容积可以容纳更多的空气。相反的,当一定容积上空气的压力降低时,空气会膨胀且占据更大的空间。那是因为较低压力下的最初空气体积容纳了更少质量的空气。换句话说,就是空气密度降低了。事实上,在恒定温度条件下,密度直接和压力成比例。如果压力增倍,密度也就增倍,如果压力降低,密度也就相应地降低。

2）温度对密度的影响。在恒定压力条件下,增加一种流体的温度的方法就是降低其密度。相反的,降低温度就有增加密度的效果。这样,空气密度就和绝对温度成反比例关系。

在大气中,温度和压力都随高度而下降,对密度的影响是矛盾的。然而,随着高度的增加压力下降得非常快是占主要影响的。因此,可以推论密度是随高度增加而下降的。

3）湿度对密度的影响。前面段落的叙述都假设空气是完全干燥的。实际上,空气并不是完全干燥的。空气中的少量水蒸气在特定情况下几乎可以忽略,但是在一般条件下湿度可能成为影响飞行器性能的重要因素。水蒸气比空气轻,因此,湿空气比干空气要轻。在给定的一组条件下,空气包含最多的水蒸气则其密度就最小。温度越高,空气中能包含的水蒸气就越多。当对比两个独立的空气团时,第一个温暖潮湿（两个因素使空气趋于变轻）的和第二个寒冷干燥（两个因素使得空气变重）的气团,第一个的密度必定比第二个低。

压力、温度和湿度对飞行器性能有重要的影响,就是因为它们直接影响空气密度。

2.1.2　空气的物理性质

1. 空气的压缩性

一定质量的空气,当压力或温度改变时,引起空气密度变化的性质,叫作空气的压缩性。

影响空气压缩性的主要因素:

（1）气流的流动速度（v）。气流的流动速度越大,空气密度的变化显著增大（或密度减小得越多）,则空气易压缩（或空气的压缩性增大）。

（2）空气的温度（t）。空气的温度越高,空气的密度变化越小（或密度减小地越少）,则空气不易压缩（或空气的压缩性减小）。

2. 空气的湿度

空气的湿度是指大气的潮湿程度,通常用相对湿度来表示。

相对湿度是指大气中所含水蒸气的量与同温度下大气能含有的水蒸气最大量之比,当相对湿度为 100％时,说明大气中含有的水蒸气量达到了最大值,处于饱和状态。

不同温度下大气所含有的水蒸气最大量是不同的,温度越高大气所含有的水蒸气最大量越大。随着温度的降低,大气的相对湿度会增加。

大气的相对湿度达到 100％时的温度被称为露点温度。这个时候空气的密度约等于干空气密度的 5/8。

3. 空气的黏性和雷诺数

假如将两块平板合在一起,推动上面的一块,我们便会感觉到有摩擦力。这种摩擦力是固体与固体之间的摩擦力。为了减少摩擦力,可在两平板之间加上润滑油（滑油）。加上滑油后,摩擦力减少。这时候的摩擦力是润滑油由于黏性作用而产生的摩擦力。两块平板之间的油可看作是由很多很薄的油层组成的。最靠近下面一块平板的油层,由于黏性的作用附在下面的平板上。当下面的平板不动时,油层也不动,所以它的速度是 0。而最靠近上面平板的油层也是附着在上面的平板上。所以当上面的平板以等于 v 的速度移动时,这层油层的速度也是 v。介于这两薄层之间的其他油层速度便不一致了。愈靠近下面的速度便愈慢,愈靠近上面的速度便愈快,整个油层的变化是从 0 逐渐增加到 v。由于每一薄层的速度都不同,因而油层与油层便会产生摩擦力,即黏性摩擦力。根据试验的结果,整个平板运动所受到的摩擦力与上面平板的速度 v 成正比(下面平板不动)而与两平板的距离,即油的总厚度 d 成反比,与平板的面积成正比。将这些关系列出如下:

$$f = \frac{\mu S v}{d} \tag{2-1}$$

式中,f 为黏性摩擦力,N;v 为两平板的相对速度,m/s;d 为油层的厚度,m;S 为平板面积,m^2;μ 为滑油黏度(旧称黏性系数),Pa·s。

μ 的数值主要根据滑油的性质和温度而定。滑油愈黏,μ 的数值也愈大,即黏性摩擦力也就愈大。用式(2-1)可求得 μ 的单位是 $N \cdot s/m^2$。

对于各种不同液体,μ 的数值不同。只要知道速度的变化率,即式中的 (v/d) 和 μ 的数值便可求出单位面积的黏性摩擦力。

空气也有非常微弱的黏性。当温度 15 ℃时,其黏度 μ 是 0.000 017 9 $N \cdot s/m^2$。当温度下降时黏度会增加。工程应用上的估算,大气黏度约与其绝对温度的 0.76 次方成正比。空气黏度虽然很小,但对无人飞机来说关系很大,尤其是小/微型无人飞机,一定要考虑空气黏性的影响。

空气流过物体表面的时候,也像滑油一样,最靠近物体表面的空气是附着在物体表面的,离开表面稍远,空气的速度便可以稍大。远到一定距离后,黏性的作用便不明显,在这附近的气流速度便等于没有黏性作用时气流的速度一样。所以无人飞机在空中飞行时,一般空气的黏性作用只是明显地表现在机体表面薄薄的一层空气内。离开了这一紧靠着机体表面的薄层,理论计算便可以认为空气没有黏性。这一薄层空气称为边界层(旧称附面层)。在边界层内的空气流动情况与外面的气流不同。边界层最靠近机体表面的地方气流速度是 0,最外面的地方流动速度和外面的气流流动速度相同。我们将这边界层的各地方局部速度用箭头长短来表示(见图 2-4)。而边界层内空气黏性摩擦力的总和就等于物体在空气中运动的表面阻力,或者称为摩擦阻力。

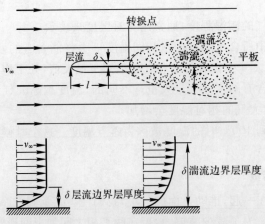

图 2-4 边界层内气流速度变化示意图

气流刚开始遇到物体时,在物体表面所形成的边界层是比较薄的。以后流过物体的表面愈长,边界层便愈厚。在开始的时候,边界层内空气的流动是比较有层次的。各层的空气都以一定的速度在流动。这种边界层称为层流边界层。以后边界层内的流动会慢慢地混乱起来。一方面由于气流流过物体表面时受到扰动性摩擦力的总和就等于物体在空气中运动的表面阻力,或者称为摩擦阻力。

由于气流流过物体表面时受到扰动(不管物体表面多光滑,对于空气质点来说还是很粗糙的),同时空气质点的活动也是很活跃的。结果边界层内的气流便不再是很有层次的了。靠近最上面的速度比较大的空气质点可能走到底下速度慢的那一层,而底下的质点也会走到上面去。这种边界层称为湍流〔旧称紊流〕边界层。而边界层的性质在一定条件下会使空气绕飞行物体的整个流场产生很大变化。

如果气流的速度愈大,流过物体表面的距离愈长或者空气的密度愈大,层流边界层便愈容易变成湍流边界层。相反,如果气体的黏性愈大,流动起来便愈稳定,便愈不容易变成湍流边界层。在考虑层流边界层是否会变成湍流时,这些有关的因素都要估计在内。

英国科学家雷诺首先提出将流体动力与黏性力之比作为黏性流体流动相似性的判据。这个比值包括了上述黏性流的有关参数,称为雷诺数,用 Re 表示。两个形状相同但大小不同的物体在不同流体中运动时,只要其雷诺数一样,则它们形成的流场和各种力量系数相同。Re 也可以用来衡量流体的黏性影响,例如,成为衡量边界层到底会不会从层流变湍流的一个基本指标。飞机在空气中运动,其雷诺数用公式表示为

$$Re = \frac{\rho v b}{\mu} = \frac{v b}{\nu} \tag{2-2}$$

式中,ρ 为空气密度,kg/m^3;v 为气流速度,m/s;b 为气流流经物体的距离,m;μ 为黏度,$Pa \cdot s$;ν 为运动黏度,$\nu = \mu/\rho$,m^2/s。

高空大气密度、温度降低,运动黏度增大。不同的典型飞行物在不同高度的雷诺数见表 2-1。

表 2-1　不同飞行物雷诺数

名　称	$v/(m \cdot s^{-1})$	C_A/m	雷诺数		
			海平面	高 7 000 m	高 20 000 m
海鸥	16	0.20	220 000	—	—
单人滑翔机	16	1.30	1 424 660	—	—
全球鹰无人飞机	176	1.41	17 000 000	9 364 500	1 540 000
太阳神无人飞机	33	2.40	5 424 660	3 000 000	492 000
天眼无人飞机	55	0.86	3 240 000	1 785 000	—
捕食者无人飞机	36	0.78	1 923 000	1 060 000	—
微星无人飞机	15	0.125	128 000	—	—
模型滑翔机	5	0.12	41 000	—	—

当雷诺数在 $1 \sim 100$ 之间时,流体的流动全是黏性流。不过这种情况只存在于润滑的滚珠

轴承之内,或者太空高度稀薄大气之中。雷诺数大于 100 的流场往往是边界层与无黏性流的混合流场。流体黏性的作用只集中在边界层内。不过边界层的情况很多时候会影响到整个流场,如引起机翼的过早失速等等。

试验表明,要使机翼翼面层流边界层变为湍流边界层,雷诺数在 50 000 至 160 000 之间。一般的小/微型无人飞机机翼表面上多数是层流边界层,很少有机会变成湍流边界层。

此外,还要注意一个特殊的现象,就是风洞测试时,同一翼型在低雷诺数时性能不好,但当雷诺数达到一定值时其性能会突然变好,这种雷诺数称为临界雷诺数;若雷诺数再继续增大,气动性能略为变好,但变化已经不大(见图 2-5)。不同翼型或物体在不同迎角其临界雷诺数不一样。所以尽可能弄清使用的翼型或外挂物等的临界雷诺数十分必要。无人飞机或微型无人飞机与真飞机的性能及各种空气动力的作用都相差很远的原因,就是因为雷诺数相差很大。计算微型无人飞机的性能时不能用大雷诺数试验出来的数据。

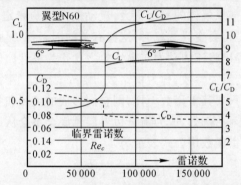

图 2-5 同一翼型不同雷诺数的空气动力系数

2.1.3 气流特性

1. 相对运动原理

作用在飞机上的空气动力取决于飞机和空气之间的相对运动情况,而与观察、研究时所选用的参考坐标无关。也就是说,飞机以速度 V 在平静的空气中飞行时,作用在飞机上的空气动力与远方空气以速度 V 流过静止不动的飞机时所产生的空气动力完全相同。这就是相对运动原理在空气动力学中的应用。

空气相对飞机的运动称为相对气流,相对气流的方向与飞机运动的方向相反(见图2-6)。

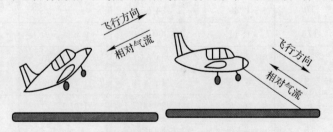

图 2-6 飞机的运动方向与相对气流的方向

只要相对气流速度相同,产生的空气动力也就相等。将飞机的飞行转换为空气的流动,使空气动力问题的研究大大简化。风洞实验就是根据这个原理建立起来的。图 2-7 所示为直流式风洞,图 2-8 所示为回流式风洞。

图 2-7　直流式风洞

图 2-8　回流式风洞

2. 连续性假设

连续性假设是在进行空气动力学研究时,将大量的、单个分子组成的大气看成是连续的介质。所谓连续介质就是组成介质的物质连成一片,内部没有任何空隙。在其中任意取一个微团都可以看成是由无数分子组成的,微团表现出来的特性体现了众多分子的共同特性。对大气采用连续性假设的理由是与所研究的对象——飞机相比,空气分子的平均自由行程要比飞机的尺寸小得多。空气流过飞机表面时,与飞机之间产生的相互作用不是单个分子所为,而是无数分子共同作用的结果。

3. 稳定气流及流线、流管和流线谱

空气在流动时,如果空间各点上速度的大小和方向、压力、密度等参数不随时间而改变,叫作稳定气流。

如果空气的流动情况随时间而改变,也就是在空间某一点上,气流参数随时间而改变,这样的气流就是不稳定气流,例如汽车后面的空气旋涡是不稳定气流。

气流在稳定流动中,空气微粒流动的路线,叫作流线。由许多流线所组成的图形,叫作流线谱如图 2-9 所示,几种物体的流线谱如图 2-10 所示。通常把由流线所组成的管子,叫作流管。两条流线之间的距离缩小,就是流管变细;两条流线之间的距离扩大,就是流管变粗。

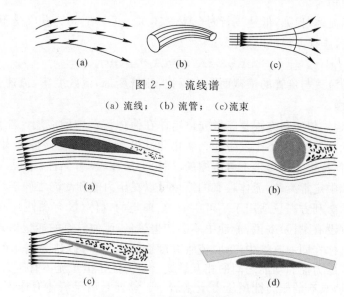

图 2-9　流线谱

(a)流线;　(b)流管;　(c)流束

图 2-10　几种物体的流线谱

(a)翼截面的流线谱;　(b)圆柱体的流线谱;　(c)斜立平板的流线谱;　(d)流管

若流管横截面积为 A，流体密度为 ρ，在横截面上的流速为 v。那么单位时间流过截面 A 的流体体积为 Av，称为流体的体积流量。单位时间流过截面 A 的流体质量为 ρAv，称为流体的质量流量，即

$$q_{\mathrm{m}} = \rho A v \qquad (2-3)$$

式中，q_{m} 为质量流量，$\mathrm{kg/s}$。

4. 流体流动的基本规律

(1) 连续方程。连续方程是质量守恒定律在流体定常流动中的应用。图 2-11 所示为远方气流以速度 v 绕流过机翼翼型的定常流线谱，选中一根流管和三个横截面 1，2，3。由式 (2-3) 可知：流体流过三个横截面的质量流量分别等于 $q_{\mathrm{m1}} = \rho_1 A_1 v_1$，$q_{\mathrm{m2}} = \rho_2 A_2 v_2$，$q_{\mathrm{m3}} = \rho_3 A_3 v_3$。流管性质决定了流管内的流体不能穿越管壁流到管外，流管外的流体也不能穿越管壁流到管内，根据质量守恒定律 (质量不会自生也不会自灭)，可以得出 $q_{\mathrm{m1}} = q_{\mathrm{m2}} = q_{\mathrm{m3}}$。

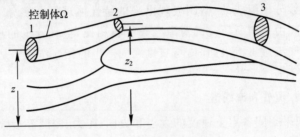

图 2-11 绕翼型的流线谱

连续方程可以表述为：在定常流动中，流体连续并稳定地在流管中流动通过流管各截面的质量流量相等，即

$$\rho_1 A_1 v_1 = \rho_2 A_2 v_2 = \rho_3 A_3 v_3 = \cdots \qquad (2-4)$$

式中，ρ_1，ρ_2，ρ_3 为流体流过各截面时的密度；v_1，v_2，v_3 为流体流过各截面时的速度；A_1，A_2，A_3 为流管各截面的面积。

对于不可压缩流体，比如，低速飞行时 ($Ma < 0.4$)，可以把大气看成是不可压缩的流体，即密度 ρ 等于常数，连续方程可以简化为

$$A_1 v_1 = A_2 v_2 = A_3 v_3 = \cdots \qquad (2-5)$$

这说明流体的流速与流管的横截面积成反比：流管变细，流线变密，流速变快；流管变粗，流线变疏，流速变慢。

(2) 伯努利方程。伯努利方程是能量守恒定律在流体流动中的应用。能量守恒定律是指在一个与外界隔绝的系统中，不论发生什么变化和过程，能量可以由一种形式转变为另一种形式，但能量的总和保持恒定。对于不可压缩的、理想的流体 (没有黏性) 来说，在一个与外界没有能量交换的系统中定常流动，流体具有的能量可以在压力能和动能之间进行转换，但能量的总和保持不变。伯努利方程只适用于不可压缩的、理想的流体 (没有黏性)。因为对于不可压缩的、理想的流体 (没有黏性) 来说，流动中不会产生热量，流体具有的能量形式只有压力能、动能和重力势能。流体在同一流管中流动，流管高度变化很小，可以认为流体的重力势能不变。这样在流动中只有压力能和动能之间的相互转换。压力能是由于流体有压力而具备的做功能力，单位体积流体所具有的压力能用压力 p 来表示。动能是由于流体有速度而具备的做功能力，单位体积流体所具有的动能用 $\frac{1}{2}\rho v^2$ 来表示。这样，伯努利方程数学表达式为

$$p + \frac{1}{2}\rho v^2 = p_0 = 常数 \qquad (2-6)$$

式中，p 为静压，单位体积流体具有的压力能，在静止的空气中，静压等于大气压力；$\frac{1}{2}\rho v^2$ 为动压，单位体积流体具有的动能，其中 ρ 是空气的密度，v 是流体的运动速度；p_0 为总压，静压和动压之和。

式(2-6)是不可压缩、理想流体作定常流动时的伯努利方程。

将式(2-5)的连续方程和式(2-6)伯努利方程一起考虑，可以得出以下结论：不可压缩的、理想的流体在进行定常流动时，流管变细，流线变密，流体的流速将增加，流体的动压增大，静压将减小；反之，流管变粗，流线变疏，流体的流速将减小，流体的动压减小，静压将增加。

图 2-12 所示的实验可以定性地说明这个结果。当管道中的空气静止时，管道中各处的大气压力都一样，都等于此处的大气压力，所以，各测压管中指示剂液面的高度都相等，如图 2-12(a)所示。但当空气以某一速度连续稳定地流过管道时，情况就发生了变化，因为流动管道内的空气压力都有所下降，所以各测压管中指示剂的液面都有所升高，但升高的量却不一样。管截面最细处的液面升高量最大，而管截面最粗处的液面升高量最小，如图 2-12 (b)所示。这就是在忽略了空气可压缩性的情况下，空气连续而稳定的流过管道，在管截面最细处的速度最快，空气的压力下降得最多；在管截面最粗处的速度最慢，空气的压力下降的最小的原因所致。

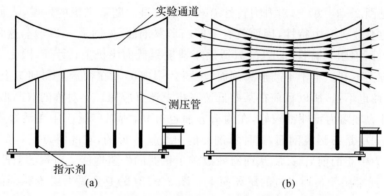

图 2-12　流速和压力的关系

(a) 大气静止时的情况；　(b) 大气流动时的情况

通过图 2-12 所示实验可以说明飞机机翼气动升力的产生。当气流流过机翼表面时，由于气流的方向和机翼所采用的翼型，在机翼表面形成的流管就像图 2-12 中所示的那样变细或变粗，流体中的压力能和动能之间发生转变，在机翼表面形成不同的压力分布，从而产生升力。

5. 机翼的外形参数

当飞行器在空中飞行时，作用在飞行器上的空气动力主要由机翼产生；而机翼上的空气动力的大小和方向，在很大程度上又决定于机翼的翼型形状、平面形状和前视形状。因此，在介绍作用在飞行器上的空气动力之前，首先介绍机翼的外形参数。

(1)翼型的几何参数。沿着与飞机对称面平行的平面在机翼上切出的剖面称为机翼的翼型，又叫翼剖面。

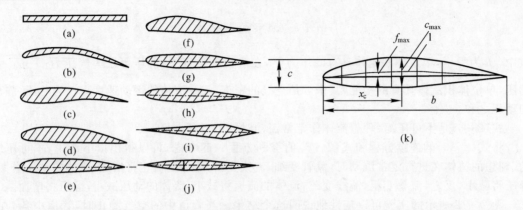

图 2-13 翼型

(a)平板剖面; (b)单凸翼剖面; (c)凹凸形翼剖面; (d)平凸形翼剖面; (e)双凸形翼剖面;

(f)S 形翼剖面; (g)双凸形翼剖面; (h)层流翼剖面; (i)菱形; (j)双弧形;

(k)翼剖面的特性参数 1—中线; c_{max}—翼剖面最大厚度; b——翼弦长度; f—弯度

翼型具有各种不同的形状,如图 2-13 所示。图中 2-13(a)是平板剖面,它的空气动力特性不好。后来人们在飞行实践的过程中,发现把翼剖面做成像鸟翼那样的弯拱形状——薄的单凸翼剖面[见图 2-13(b)],对升力特性有较大的改进。随着飞机的发展,人们认识到加大剖面的厚度,也会改善升力特性,因而就有了凹凸形翼剖面[见图 2-13(c)],这种翼剖面的升力特性虽然较好,但阻力特性却不好,只适用于速度很低的飞机上;另外,因为后部很薄而且弯曲,在构造方面不利。至于平凸形翼剖面[见图 2-13(d)],在构造上和加工上比较方便,同时空气动力特性也不错,所以目前在某些低速飞机上还有应用。不对称的双凸形翼剖面[见图 2-13(e)]的升力和阻力特性都较好,在构造方面也有利,所以广泛应用在活塞发动机的飞机上。图 2-13(f)中是 S 形翼剖面,这种翼剖面的中线呈 S 形的,它的特点是尾部稍稍向上翘,有效限制了压力中心的前后移动,从而有效改善了机翼的失速性能。对称的双凸形翼剖面[见图 2-13(g)],通常用于各种飞机的尾翼面上。图 2-13(h)是所谓"层流翼剖面",它的特点是压强分布的最低压强点(即最大负压强)位于翼剖面靠后的部分,可减低阻力。这种翼剖面常用于速度较高的飞机上。菱形[见图 2-13(i)]和双弧形[见图 2-13(j)]翼剖面常用在超声速飞机上,它们的特点是前端很尖,相对厚度很小,也就是很薄,超声速飞行时阻力相对较小,比较有利高速飞行,然而它在低速时的升力和阻力特性不好,使飞机的起落性能变坏。确定翼型的主要几何参数有弦长、相对厚度、最大厚度位置和相对弯度[见图 2-13(k)]。翼型的外形参数如图 2-14 所示。

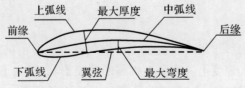

图 2-14 翼型的外形参数

1) 弦长:连接翼型前缘(翼型最前面的点)和后缘(翼型最后面的点)两点的直线段的长度,称为弦长,通常用符号 b 表示。

2) 相对厚度：翼型的厚度是垂直于翼弦的翼型上下表面之间的直线段长度。翼型最大厚度 c_{max} 与弦长 b 之比，称为翼型的相对厚度 $\bar{c}$，并常用百分数表示，即

$$\bar{c} = \frac{c_{max}}{b} \times 100\%$$

现代飞机的翼型相对厚度为 $3\% \sim 14\%$。

3) 最大厚度位置：翼型最大厚度离开前缘的距离 x_c，称为最大厚度位置，通常也用弦长的百分数 $\overline{x_c}$ 表示，即

$$\overline{x_c} = \frac{x_c}{b} \times 100\%$$

现代飞机的翼型，最大厚度位置约为 $30\% \sim 50\%$。

4) 相对弯度：翼型弯度系指翼型中线的弯度，而翼型中线乃是各翼型厚度中点的连线。翼型中线与翼弦之间的垂直距离，称为翼型的弯度 f，而最大弯度与弦长的比值，称为相对弯度 $\bar{f}$，通常用百分数表示，即

$$\bar{f} = \frac{f_{max}}{b} \times 100\%$$

翼型的相对弯度，说明翼型上、下表面外凸程度的差别。相对弯度越大，翼型上下表面弯曲程度相差也越大；如果 $f = 0$，则中线和翼弦重合，翼型将是对称的。现代飞机翼型的相对弯度约为 $0 \sim 2\%$。

5) 安装角 φ：翼型弦线和飞机轴线的夹角叫安装角，一般为 $0° \sim 4°$。

(2) 机翼的几何特性。机翼的几何特性包括机翼的平面形状和前视形状。所谓机翼的平面形状，是指从飞机顶上看下来机翼在平面上的投影形状。按照平面形状的不同，机翼可分为矩形机翼、椭圆形机翼、梯形机翼、后（前）掠机翼和三角形机翼等，如图 2-15(a) 所示。

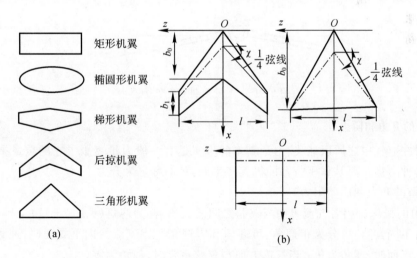

图 2-15　机翼平面形状及其几何参数

前 3 种形状主要用于低速飞机，而后 2 种形状则主要用于高速飞机。

表示机翼平面形状的主要参数有机翼面积、翼展、展弦比、梯形比和后掠角（见图 2-15）。

1) 机翼面积：机翼平面形状所围的面积，称为机翼面积，用 S 表示。

2) 翼展：机翼两翼尖之间的距离，称为翼展，通常用 l 表示。

3）展弦比：机翼翼展与机翼平均几何弦长 $b_{平均}$ 之比，称为机翼的展弦比 λ，即：

$$\lambda = \frac{l}{b_{平均}}$$

而机翼的平均几何弦长，又等于机翼面积 S 与翼展 l 之比，即 $b_{平均} = S/l$，将此关系代入上式，可得：

$$\lambda = \frac{l}{b_{平均}} = \frac{ll}{b_{平均}L} = \frac{l^2}{S}$$

4）根梢比：机翼的翼根弦长（b_0）与翼尖弦长（b_1）之比，称为机翼的根梢比，用符号 η 表示，即

$$\eta = \frac{b_0}{b_1}$$

5）后掠角：机翼各翼型离开前缘 1/4 弦长点的连线与垂直于飞机对称平面的直线之间的夹角，称为机翼的后掠角，并用符号 χ 表示。现代高速飞机的后掠角 $\chi = 35° \sim 60°$。

6）机翼的前视形状：机翼的前视形状可用机翼的上反角来说明。垂直与飞机对称平面的直线与机翼下表面（有的定义为与机翼翼弦平面）之间的夹角，称为机翼的上反角 Ψ。通常规定上反为正，下反为负。图 2-16 表示了 $\Psi > 0$ 和 $\Psi < 0$ 的两种机翼的前视形状。以上所述翼型和机翼的各几何参数，对机翼的气动特性影响较大。特别是机翼面积、展弦比、梯形比、后掠角以及相对厚度这 5 个参数，对机翼的空气动力特性有重大的影响，合理地选择这些参数，以保证获得良好的空气动力特性，是飞行器设计中的一项重要任务。

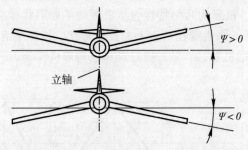

图 2-16　上反角和下反角立轴

6. 机翼的升力和阻力

飞行器在空气中之所以能飞行，最基本的事实是有一股力量克服了它的重量把它托举在空中。而这种力量主要是靠飞行器的机翼产生的，我们称之为升力。

（1）翼型的升力和压差阻力。

1）迎角的概念。相对气流方向与翼弦之间的夹角，称为迎角（见图 2-17），用 α 表示。根据气流指向不同，迎角可分为正迎角、负迎角和零迎角。当气流指向下翼面时，迎角为正；当气流指向上翼面时，迎角为负；当气流方向与翼弦重合时，迎角为零。

2）升力和阻力的产生。前面已经讨论过运动的相对运动原理，可以认为在空中飞行的飞行器是不动的，而空气以同样的速度流过飞行器，这样可以使问题简化以便于分析。如图 2-18 所示，当气流流过翼型时，由于翼型的上表面凸些，这里的流线变密，流管变细，相反翼型的下表面平坦些，这里的流线变化不大（与远前方流线相比）。根据连续性定理和伯努利定理可知，在翼型的上表面，由于流管变细，即流管截面积减小，气流速度增大，故压强减小；而

翼型的下表面,由于流管变化不大使压强基本不变。这样,翼型上下表面产生了压强差,形成了总空气动力 R , R 的方向向后向上。按平行四边形法则,根据它们实际所起的作用,可把 R 分成两个分力:一个与气流速度 v 垂直,起支托飞行器重量的作用,就是升力 Y ;另一个与流速 v 平行,起阻碍飞行器前进的作用,就是阻力 X 。此时产生的阻力除了摩擦阻力外,还有一部分是由于翼型前后压强不等引起的,称之为压差阻力。总空气动力 R 与翼弦的交点叫作压力中心(见图 2-18),整个作用在机翼上的空气动力都汇集合成在这一点上。

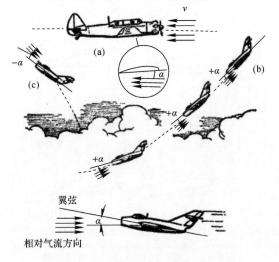

图 2-17　飞机在不同飞行状态下的迎角

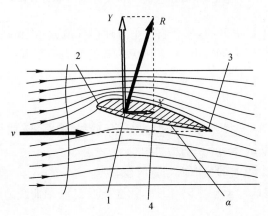

图 2-18　小迎角 α 下翼剖面上的空气动力

1—压力中心;　2—前缘;　3—后缘;　4—翼弦

根据翼型上下表面各处的压强,可以绘制出机翼的压强分布图(压力分布图),如图 2-19 所示。图中自表面向外指的箭头,代表吸力;指向表面的箭头,代表压力。箭头都与表面垂直,其长短表示负压(与吸力对应)或正压(与压力对应)的大小。由图可看出,上表面的吸力占升力的大部分。靠近前缘处稀薄度最大,即这里的吸力最大。

由图 2-19 可见,机翼的压强分布与迎角有关。在迎角为零时,上下表面虽然都受到吸力,但总的空气动力合力 R 并不等于零。随着迎角的增加,上表面吸力逐渐变大,下表面由吸力变为压力,于是空气动力合力 R 迅速上升,与此同时,翼型上表面后缘的涡流区也逐渐扩大。在一定迎角范围内,R 是随着迎角 α 的增加而上升的。但当 α 大到某一程度,再增加迎角,升力不但不增加反而迅速下降,这种现象叫作"失速"。失速对应的迎角就叫作"临界迎角"或"失速迎角"[见图 2-19(d)]。

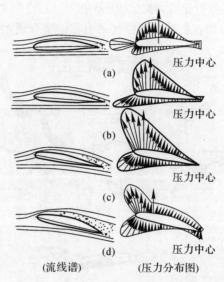

(a)

压力中心

(b)

压力中心

(c)

压力中心

(d)

压力中心

(流线谱)　　　　(压力分布图)

图 2-19　迎角对机翼压力分布的影响

(a) 零迎角;　(b) 小迎角;　(c) 大迎角;　(d) 失速迎角

由于 R 是随 α 的增加而上升的,那么它在垂直迎面气流方向上的分力 Y ——升力,也应具有相似的变化规律。为了研究问题方便,采用无因次的升力系数 C_y,即

$$C_y = \frac{Y}{\frac{1}{2}\rho v^2 S}$$

来表示其与 α 的关系。图 2-20 所示为翼型的 C_y-α 曲线,由 C_y-α 曲线上可以发现几个特点:

1)$C_y = 0$ 的迎角(以 α_0 表示)一般为负值($-4°\sim0°$);

2)C_y-α 曲线在一个较大的范围内是直线段;

3)C_y 有一个最大值 $C_{y\max}$(为 1.1~1.5),而在接近 $C_{y\max}$ 前曲线的上升趋势就已减慢。

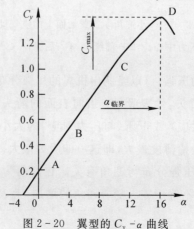

图 2-20　翼型的 C_y-α 曲线

（2）翼型的力矩特性及焦点。当气流流过翼型时，可以把作用在翼型上的空气动力 R 分解为垂直翼弦的法向力 Y_1 和平行于翼弦的切向力 X_1。规定力矩使翼型抬头为正（以 P 点为参考点，见图 2-21），则空气动力对 P 点的力矩可写为

$$M_{zp} = -Y_1 (X_{压} - X_P)$$

或

$$M_{zp} \approx - Y (X_{压} - X_P)$$

改用力矩系数的形式表示为

$$m_{zp} = \frac{M_{zp}}{\frac{1}{2} \rho v_\infty^2} = \frac{Y}{\frac{1}{2} \rho v_\infty^2 S} \left(\frac{x_{压} - x_p}{b} \right)$$

所以

$$m_{zp} = -C_y (X_{压} - X_P)$$

式中，$X_{压}$ 和 X_P 分别是压力中心和任意点 P 到翼型前缘距离与弦长比的百分数。

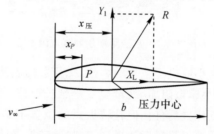

图 2-21　气动合力及力矩

从图 2-19 可见，α 不但影响 R 的大小，而且同时还改变其作用点。为此，变换不同的迎角做实验，求出各个迎角下对应的升力系数 C_y 和力矩系数 m_{zP}，画出 m_{zP} 与 C_y 曲线，如图 2-22 所示。由该图可见，当 C_y 不太大时曲线近似呈直线，不同的 x_P 可得到不同的斜率。因此总能找到一点，其 m_{zP} 几乎不随 C_y 而变化，这样的点在空气动力学中称之为焦点（或空气动力中心）。低速时，焦点一般在 25% 机翼弦长附近（见图 2-19）。焦点距前缘的相对位置用 $X_{焦} = x_{焦} / b$ 表示，绕该点的力矩系数用 m_{z0} 表示。对于已选定的翼型，它们都是定值（见图 2-19），代入上式可得：

$$m_{z0} = -C_y (x_{压} - x_{焦})$$

故

$$x_{压} = x_{焦} - \frac{m_{z0}}{C_y}$$

图 2-22　$m_{zP} - C_y$ 曲线

（3）附面层与摩擦阻力。由于空气是有黏性的，因而当它流过机翼时，就会有一层很薄的气流被"黏"在机翼表面上。这个流速受到阻滞的空气流动层就叫作附面层。通常取流速达到 $0.99\, v_\infty$ 处为附面层边界，由机翼表面到该处的距离被认为是附面层的厚度。根据作用和反

作用定理,受阻滞的空气必然会给机翼表面一个与飞行方向相反的作用力,这就是摩擦阻力。附面层中气流的流动情况是不同的(见图2-23)。一般机翼大约在最大厚度以前,附面层的气流不相混淆而成层地流动,而且底层的速度梯度较小,这部分叫作层流附面层。在这之后,气流的流动转变得杂乱无章,并且出现了旋涡和横向流动,而且贴近翼面的速度梯度也较大,这部分叫作紊流附面层。层流转变为紊流的那一点称为转捩点。在紊流之后,附面层脱离了翼面而形成大量的旋涡,这就是尾迹。

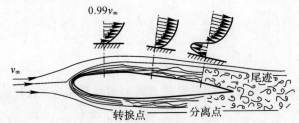

图 2-23　层流附面层和紊流附面层

总的说来,摩擦阻力的大小取决于空气的黏性、飞行器的表面状况以及同空气接触的飞行器表面面积大小等。为了减小摩擦阻力,就希望尽量延长层流段。选用最大厚度位置靠后的层流翼型,就有可能使转捩点位置后移。但是转捩点的位置不是固定不变的,随着气流速度、原始紊流度、翼型制造误差及表面粗糙度的增加,都将使转捩点前移而导致摩擦阻力的增加。

7. 机翼的三元效应

在研究机翼的升力和阻力时,把机翼看成是无限长的而取其中的一个剖面翼型,来看其升力、阻力的产生。但实际飞机机翼的翼展是有限的。绕有限翼展和无限翼展的气流作用效果是有差别的。

(1)升力系数曲线的斜率 $dC_y/d\alpha$(或 $C_{\alpha y}$)。由图2-19可以看到,气流流过有正迎角的机翼时,下翼面的压力总要比上翼面的大(这样才有升力产生),所以下表面的气体就可以绕过翼尖向上表面流动而产生横向运动,它的直接后果是缓和了上、下翼面的压强差。因此,在同样的迎角下,它的升力系数就比无限翼展的升力系数小。而且展弦比越小,横向流动所波及的相对范围就越大,它的升力系数曲线的斜率(以后简称升力线斜率)$dC_y/d\alpha$ 自然就越小,如图2-24所示。当气流流过翼尖时,在翼尖那儿不断形成旋涡。旋涡就从翼尖向后方流去,并产生了下洗流,图2-25为翼尖涡流图。

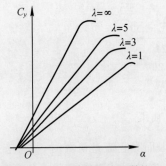

图 2-24　不同展弦比机翼的 C_y-α 曲线

图 2-25　翼尖涡流图

(2) 升力沿翼展的分布。由于翼尖附近气流的横向流动,使翼尖上下表面的压强趋于平衡,因此该处的升力为零。靠近翼尖附近的其他剖面显然也要受到不同程度的影响,离翼尖越远影响越小。这样就出现了各剖面的升力沿翼展分布不均匀的情况。如图 2 - 26 所示,根梢比越大,靠近翼根剖面的升力愈大。这是因为在机翼总升力 Y 等于常数的情况下,增大 η 意味着增大翼根附近剖面的弦长而减小翼尖附近剖面的弦长,所以翼根附近剖面的升力势必增加。

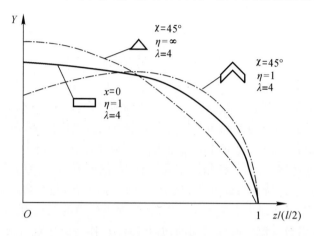

图 2 - 26　η 对展向升力分布的影响

图 2 - 27 还给出了具有相同展弦比的矩形翼、后掠翼和三角翼的各剖面升力沿展向分布图。

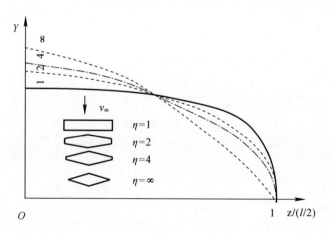

图 2 - 27　相同展弦比的矩形翼、后掠翼和三角翼的各剖面升力沿展向分布图

(3) 机翼的下洗流和诱导阻力。有限翼展的横向气流不但直接影响了翼面的压强分布,而且在机翼后面形成一个涡流面,并很快卷成两根翼尖涡束向后延伸出去(见图 2 - 25),这两束涡流称为自由涡。在此自由涡的旋转气流作用下,机翼展长范围内的空气将产生一个向下的速度 w,称为下洗速度。离旋涡中心越近,下洗速度的数值越大。相对于翼型流动情况来说,这时气流流过机翼每一个剖面的流动情况也都有了变化,如图 2 - 28 所示。

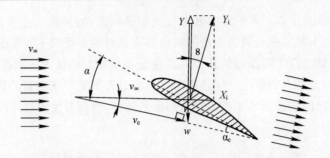

图 2-28 下洗速度与诱导阻力 X_i 的形成

当气流以速度 v_∞、迎角 α 流向机翼时,由于翼尖自由涡的影响使得在该剖面处的气流附加了一个下洗速度 w。这样,该切面处气流的有效速度为 $v_e = v_\infty + w$,迎角则变为 α_e,$\alpha_e = \alpha - \varepsilon$,$\varepsilon$ 称为下洗角。按照升力是和相对气流方向垂直的气动力定义,该剖面的升力 $\mathrm{d}Y_i$ 将垂直于 v_e,即与不考虑自由涡引起下洗情况相比,升力方向向后倾斜了一个下洗角 ε。机翼各个剖面处气流的下洗速度不同,下洗角也不同,因此各剖面升力后倾的情况也不同。但是,总的机翼升力仍是垂直于远前方来流 v_∞ 方向的空气动力,因此,机翼各剖面上气动力 $\mathrm{d}Y_i$ 在垂直于 v_∞ 方向上的投影之和即为机翼的总升力,各剖面上作用的气动力 $\mathrm{d}Y_i$ 在 v_∞ 方向的分量之和,即为考虑自由涡引起气流下洗而增加的切向气动力,称为诱导阻力 X_i。和升力系数 C_y 类似,在空气动力学中常用诱导阻力系数 C_{xi} 来表示,即

$$C_{xi} = \frac{X_i}{\frac{1}{2}\rho v_\infty^2 S}$$

由理论可以推知,各种平面形状的机翼的诱导阻力系数为

$$C_{xi} = \frac{C_y^2}{\pi \lambda}(1 + \delta)$$

$$\varepsilon = \frac{C_y}{\pi \lambda}(1 + \tau)$$

式中,τ 和 δ 是与平面形状及展弦比等有关的修正系数,见表 2-2。

表 2-2 修正系数

平面形状	$\frac{1}{\pi}(1+\tau)$	$\frac{1}{\pi}(1+\delta)$	附 注
椭圆	0.318	0.318	$\tau = \delta = 0$
梯形	0.318	0.318	$\eta = 2\sim3$
矩形	0.375	0.335	$\lambda = 5\sim8$
翼尖后倾矩形	0.338	0.318	$\lambda = 5\sim8$
翼尖修圆矩形	0.365	0.318	$\lambda = 5\sim8$

由表 2-2 可见,在同样 C_y 下,其他平面形状机翼的诱导阻力系数与椭圆形机翼相比要大一些,即椭圆形机翼的诱导阻力系数最小。但若参数选择适当,C_{xi} 大得不多。

8. 机翼的失速

我们知道,机翼能够产生升力是因为机翼上下存在着压力差。但是它的前提条件是,保证

上翼面的气流不分离。

当机翼的迎角较小时,在相同的时间里气流绕过上翼面所通过的路程比流过下翼面的路程长,所以上翼面的气流速度比下翼面的快,由于气流的速度越快压力就越低,因而产生了上下翼面的压力差。

但是如果机翼的迎角大到一定程度,靠近机翼翼面附近的气流在绕过上翼面时,由于自身黏性的作用,流速会减慢,甚至减慢到零,而上游尚未减速的气流仍然源源不断地流过来,减速了的气流就成为阻碍,最后气流就不可能再沿着机翼表面流动了,它将从表面抬起进入外层的绕流,这就叫作边界层分离。气流分离如图 2-29 所示。

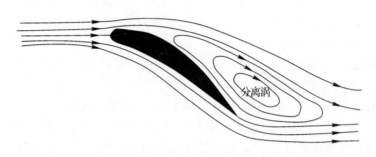

图 2-29 气流分离

当气流从机翼表面抬起时,受外层气流的带动,向后下方流动,最后就会卷成一个封闭的涡,叫作分离涡。像这样旋转的涡中的压力是不变的,它的压力等于涡上方的气流的压力。而涡上方的气流流线弯曲程度并不大,所以其压力与下翼面的压力相比小不了多少,这样机翼的升力就比原来减小了。这种情况就叫作失速,对应的机翼迎角叫作失速迎角或临界迎角。图 2-30 是失速螺旋示意图,图 2-31 是临失速状态的 Su30 图。

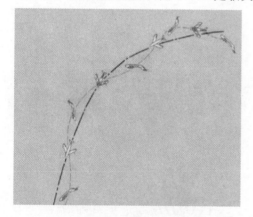
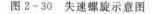

图 2-30 失速螺旋示意图

图 2-31 临失速状态的 Su30 图

如果给出机翼的升力系数和机翼迎角之间的关系,可以看出,当机翼的迎角达到临界迎角之前,升力系数随迎角增大而增大;在迎角超过临界迎角之后,升力系数就下降了。由于机翼的升力系数与升力成正比,因而说明了当机翼迎角大到一定程度之后,升力的确下降了。

失速之后的机翼气动效率极低,已经不能够产生足够的有效升力。所以对现在的飞机,都要求在临界迎角以下一定范围内飞行,不允许靠近更不允许超过,以避免发生尾旋等危险。

9. 地面效应

地面效应又称为翼地效应或翼面效应,是一种使飞行器诱导阻力减小,同时能获得比空中飞行更高升阻比的流体力学效应:当运动的飞行器下降到距地面(或水面)很近时,整个飞行器体的上下压力差增大,升力会陡然增加。

翼地效应产生的原因在物理学上还有争议,一般认为翼地效应是因为气流在机翼和地面/水面成为一个高压气垫而产生了更大的上扬力。但是风洞实验却同时得出数据,显示高压气垫虽然存在,但是地面/水面主要作用为扰乱翼尖涡流。在没有翼尖涡流的情况下,机翼的攻角能变得更接近理论水平,从而使飞机更有效率。航空界普遍认为地面效应是因为地面或水面阻止了翼尖涡流的下洗,即相对气流的来流方向(等同于攻角)更接近于理论水平,从而减小了诱导阻力,对飞行品质来说是有利的。

对于直升机来说,地面效应主要表现为悬停时飞机所需的升力减小,主桨效率显著提高。总的来说,主要表现为以下两种现象。

诱导气流的速度降低,飞机的下洗流被地表干扰后,整个流场会发生变化,从而减少诱导气流的下沉速度,这一现象的结果是总体诱导阻力降低,垂直升力的向量增加。最终结果是原本为保持悬停的升力和攻角都会减少,也就是说悬停功率降低了。地面效应对迎角的影响如图 2-32 所示。

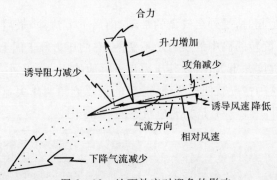

图 2-32　地面效应对迎角的影响

第二个现象是翼尖涡流减少。在地面效应之中,向下和向外的气流阻碍涡流的产生。这一现象使外侧部分的桨效率更高和减少由空气吸入和环流引起的系统紊流,地效对翼尖涡流的影响如图 2-33 所示。

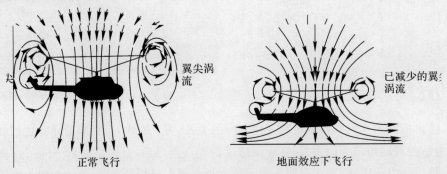

图 2-33　地效对翼尖涡流的影响

10. 风对飞行的影响

（1）阵风对飞机飞行的影响。大气层中空气短时间强烈对流产生的扰动称为阵风。阵风会瞬时改变飞机相对气流的速度和迎角，从而改变作用在飞机上的气动力，使飞机在飞行中产生颠簸并承受较大的气动载荷。

迎头或从飞机后面吹来的与飞机飞行方向平行的阵风叫作水平阵风，水平阵风只改变飞机相对气流的速度，在阵风速度不是很大的情况下，对飞机的飞行影响较小。

由下向上或由上向下吹来的垂直飞行方向的阵风叫作垂直阵风，垂直阵风不但会增大飞机相对气流的速度，也会改变飞机的迎角，因此对飞机的飞行有着较大的影响。

垂直阵风不但造成飞机在飞行中的颠簸，对飞机结构受力和飞行安全也会带来较大的影响。向上的垂直阵风使飞机承受较大的向上的气动载荷，而向下的垂直阵风使飞机承受较大的向下的气动载荷。垂直阵风对飞行安全也有较大的影响，比如：当飞机以小速度大迎角飞行时，遇到速度较大的垂直向上的阵风，可能会使迎角增大到临界迎角，造成飞机失速的危险。所以在扰动气流中作大迎角小速度飞行时，应适当地减小迎角，提高飞机的最小飞行速度。当飞机在低空小迎角大速度飞行时，速度较大的垂直向上的阵风会产生较大的气动升力增量，对飞机结构的受力产生较大的影响。所以在扰动气流中做小迎角大速度飞行时，应适当地加大迎角，减小飞机的最大飞行速度。

从飞机侧面吹来的阵风叫侧向阵风。它会破坏飞机侧向气动力的平衡，造成飞机摇晃、摆头等。

（2）稳定风场对飞机飞行的影响。

1）逆风起飞和着陆。当沿跑道方向有风时，飞机一般应逆风起飞和着陆。逆风起飞可以使飞机经较短滑跑距离达到要求的空速（相对气流的速度），获得所需要的升力，使飞机离地；着陆时，也可以使飞机在保持一定空速，获得所需要的升力的情况下，以较小的接地速度着陆，并可增加着陆时的阻力，减少着陆时滑跑距离。

2）有侧风时起飞和着陆。在垂直跑道方向有风时，飞机起飞或着陆，侧风在飞机上产生的侧向载荷会带着飞机一起飘移，使飞机偏离跑道，危及飞行安全。对于这种现象，在飞机离地后空中飞行中，一般采用改变航向的方法进行修正，在着陆进近阶段也可以采用侧滑法进行修正。飞机带侧滑着陆时，驾驶员要同时操纵副翼和方向舵阻止飞机飘移，使飞机航迹对准跑道着陆。在飞机飞行速度一定时，侧风风速的大小决定了舵面操纵量的大小。为保证飞机能在一定的侧风风速下安全着陆，对副翼和方向舵的操纵性能有一定的要求。超过了规定的侧风风速，飞机进行侧滑着陆就不能保证飞行安全。

3）低空风切变对飞行的影响。风向和风速在特定方向上的变化叫风切变。比如，飞机由小顺风区域进入大顺风区域；由逆风区域进入顺风区域；由某一方向的侧风区域进入另一方向的侧风区域，或在较短距离内升降气流变化，由无明显升降气流区域进入强烈的下降气流区域等等。强烈的低空风切变对起飞、着陆的飞机危害极大，特别是对下降着陆的飞机危害最大。比如，飞机从逆风区域进入顺风区域，这种顺风切变会使飞机的空速突然减小，升力下降，飞机随之下沉。如果着陆下降离地较近的飞机遇到这种风切变，驾驶员来不及修正，飞机会以较大的接地速度着陆，过大的地面载荷会损伤飞机结构，也会导致滑跑距离过长，飞机冲出跑道造成事故。如果飞机从无下降气流区域进入强烈下降气流区域，也会导致飞机急剧下沉，容易造成飞行事故。

2.2 无人直升机结构与飞行原理

2.2.1 无人直升机结构

无人机是充分精细化的机电一体化空中平台,在越来越多的工程应用中发挥着重要的作用;同时它也是一个复杂的应用系统,对使用的环境和人员都有较高的要求;在充分理解其工作原理和运作方式后,需要对其结构部件等进行更进一步的分析和学习。

无人直升机系统有三部分组成,本章将对 3ZD－10A 型植保无人直升机的飞行平台部分进行详细的结构分析和使用设置说明。

3ZD－10A 型植保无人机采用结构相对简单、技术成熟的单桨尾桨式布局。统计数据表明,微小型无人直升机系统中,有 15%～20% 的故障是由结构复杂的贝尔-希拉式带副翼结构旋翼头的机械失效引起的。3ZD－10A 型植保无人机旋翼头采用目前风靡全球的微小型直升机 DFC 无副翼电子增稳结构,既极大地简化了旋翼头的机械结构,提高了系统的可靠性,同时又有效地提升了旋翼系统的效率。根据空气动力数据分析,贝尔-希拉式小翼在旋翼系统中约消耗 8%～17% 的旋翼功率,简化后的旋翼结构将有效提升 3ZD－10A 型植保无人机系统的荷载能力。

1. 3ZD－10A 型植保无人机基本性能参数

机长	2 146 mm
机高	730 mm
旋盘直径	2 176 mm
尾桨直径	405 mm
机身最大宽度	520 mm
机体净重	22 kg
喷杆宽度	2 000 mm
能源类型	汽油
发动机	小松 G800BPU
发动机最大功率	5.51 kW
冷却方式	强制风冷
减速比	1∶7.03(主)
	1∶1.51(尾)
最大爬升率	＞3 m/s
最大平飞速度	＞120 km/h
巡航速度	20～70 km/h
主旋翼设计转速	1300 r/min
续航时间	23 min
有效载荷	＞10 kg
最大升限	3 000 m
设计遥控距离	1 000 m

最大抗风能力	5 级
自主悬停精度	
水平方向	±0.5 m
垂直方向	±0.3 m

2. 3ZD - 10A 型遥控植保无人机组成

遥控植保无人机组成如图 2 - 34 所示。

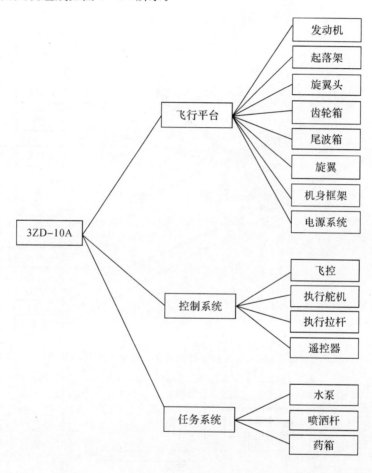

图 2 - 34　3ZD - 10A 型遥控植保无人机系统组成

3ZD - 10A 型遥控植保无人机是指相对地面应用高度不高于 15m 的用于植保作业的遥控飞行植保器械简称植保机。3ZD - 10A 型遥控植保无人机的飞行平台主要由发动机、控制设备、农药喷洒设备、旋翼头、传动机构、尾波箱、组合框架等部分组成。各组成部分在飞机上的位置如图 2 - 35 所示。

传动结构示意图如图 2 - 36 所示。

3ZD - 10A 型遥控植保机整机框架及机体构件大部分采用 7075 型航空铝材加工而成,具有比重低、强度高、一致性好等特点。其中,尾管、主旋翼、尾旋翼、喷洒杆、起落架等采用 3k 碳纤维复合材料加工而成,具有极高的载荷能力和抗变形特性。

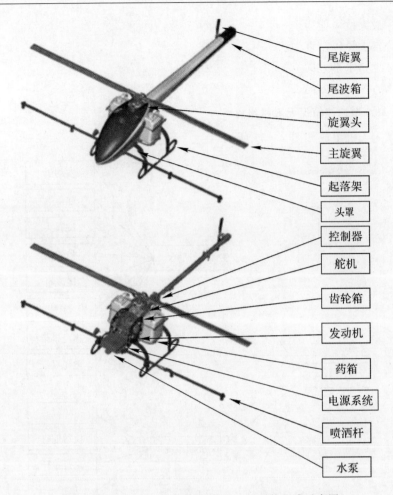

图 2-35　3ZD-10A 型遥控植保无人机系统组成示意图

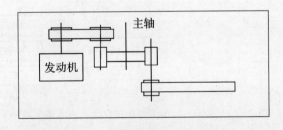

图 2-36　传动结构示意图

3. 直升机旋翼头的结构类型

目前,应用于无人直升机及中小型航模的普通布局形式的直升机中,其旋翼头结构类型众多,样式各异,如贝尔操作形式、希拉操作形式、无副翼操作形式、新型无轴承旋翼头等等类型。

其中,最常见、应用最多的旋翼头有两种:贝尔-希拉式旋翼头和近两年逐步流行的无副翼旋翼头。下面针对这两种旋翼头作简单介绍。

(1) 贝尔-希拉式旋翼头。贝尔-希拉式操作方式是目前航模及微小型无人机最常见的旋翼头操作形式之一,它分为上副翼和下副翼两种类型,如图 2-37 和 2-38 所示。

图 2-37　上副翼形式的旋翼头　　　　　图 2-38　下副翼形式的旋翼头

直升机的副翼即贝尔-希拉小翼,又称伺服小翼。在直升机旋翼系统中具有非常重要的意义。

1) 起到非常重要的陀螺稳定效应。当主旋翼受到微小扰动时,贝尔-希拉小翼具有明显的抗扰动能力,使飞机保持一定的稳定状态。

2) 为主旋盘提供操作力。当打舵操作旋盘时,伺服小翼会首先改变原来的运动状态,从而带动主旋盘的倾转,这样就有效避免了主旋盘强大的交变载荷直接作用到伺服器上。

对于上下副翼的不同形式,上副翼形式的旋翼头由于伺服小翼处于主旋盘的上方,不受主旋盘下洗流的影响,因此具有非常优越的静态稳定性,直升机悬停时表现尤为明显;因此,大部分大型无人直升机或用于 F3C 比赛的中小型航模多采用这种布局。下副翼形式的旋翼头布局多出现于要求飞行操作灵敏、动态稳定性(航行稳定性)较好的运动型直升机上,如倒飞的 3D 航模表演(见图 2-39)。由于伺服小翼在主旋盘下方,旋翼头的三角补偿系数较高,因而操作较为灵敏,所谓动如脱兔。

图 2-39　倒飞的 3D 航模表演

(2) 无副翼结构。贝尔-希拉式操作结构虽然解决了遥控直升机操控稳定性的问题,但是其复杂的机械结构却隐藏着极大的机械故障风险,遥控直升机机械故障中,带副翼系统的旋翼头占了绝大部分。一方面其复杂的结构,多采用塑料尼龙材料的球头连杆,极容易出现疲劳磨损现象,另一方面复杂的机构难于维护检查,更加深了其出现问题的风险。

随着科学技术的发展,各国逐渐出现了仿载人机结构类型的无副翼结构旋翼头(见图 2-40、图 2-41)。无副翼旋翼头由于没有伺服小翼的增稳作用,在遥控控制状态较难实现精准的操控。高灵敏度微小型三轴陀螺仪的出现解决了无副翼系统静态不稳定结构的控制问题。

一方面,无副翼系统采用自动控制增稳功能的陀螺仪系统,在直升机受到微小扰动时能自动修正飞行姿态;另一方面,由于取缔了伺服小翼,不但使得主旋盘效率大大提升而且规避了主要的机械可靠性问题。

同时,由于技术的革新,能够承受更大载荷、寿命更长的高性能伺服器的出现解决了无副翼系统中伺服器需承受的巨大交变载荷的问题。

图 2-40 DFC 无副翼结构

图 2-41 普通无副翼结构

4. 十字盘的结构类型

直升机自动倾斜盘简称倾斜盘,俗称十字盘,如图 2-42 所示。

图 2-42 十字盘

十字盘是用于传递操作指令实现总距操纵和周期变距操纵的机械机构。自动倾斜器发明于 1911 年,由于其出现使直升机的复杂操纵得以实现,现已在所有直升机上应用。其构造形式虽有多种,但工作原理基本相同。一般由与操纵线系相连的不旋转件和与桨叶变距拉杆相连的旋转件组成。不旋转件通过轴承与旋转件相连。由操纵线系输入的操纵量,经过不旋转件转换成旋转件的上下移动和倾斜运动,再由旋转件通过与桨叶变距摇臂相连的桨叶变距拉杆去改变桨叶桨距,使旋翼拉力的大小和方向改变,从而实现直升机的飞行操纵。倾斜盘旋转件的转动由与旋翼桨毂相连的扭力臂带动。倾斜盘在结构上要保证纵向、横向和总距操纵的独立性。

总距操纵(collective Pitch):总距即直升机旋翼的相对水平面的攻角(迎角)。当需要控制直升机上升或者下降时,操作总距杆上移,此时十字盘总体上移,通过十字盘转动部分连杆的传递作用使桨叶的攻角加大,从而控制飞行器的上升(直升机的旋翼通常是以相对固定的转速工作的,它通过改变旋翼的攻角来改变飞行状态),反之则下降。

周期距操纵(cyclic pitch 横滚和俯仰):所谓周期距又称为循环螺距,是指在直升机旋翼作滚转或俯仰操作时,旋翼每旋转一周,旋翼总距的最大变化量。当操纵控制飞机前、后、左、右运动的操作杆时,通过一定的机械结构传动,最终使十字盘相应地前、后、左、右倾斜,达到控制直升机旋盘相应地前、后、左、右倾斜,从而实现控制飞行器的前后左右运动。典型的十字盘结构类型如图 2-43 所示。

(十字盘类型)

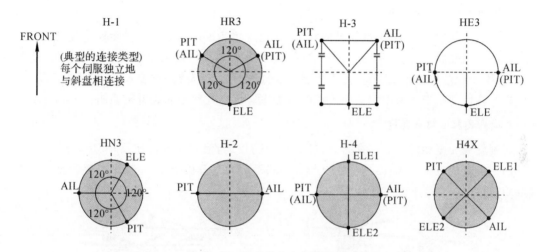

图 2-43　典型的十字盘结构类型

2.2.2　无人直升机布局

旋翼在空气中旋转,对周围空气产生一个作用力矩,根据牛顿第三定律,空气必定以大小相等、方向相反的力矩作用于旋翼,然后传到机体上。此时如果不采取平衡措施,这个反作用力矩会使机体向旋翼旋转的相反方向旋转。为了平衡这个反作用力矩,需要采用不同的直升机布局形式。直升机的布局形式按旋翼数量和布局方式的不同可分为单旋翼直升机、共轴式双旋翼直升机、纵列式双旋翼直升机、横列式双旋翼直升机和带翼式直升机等几种类型。

1. 单旋翼直升机

单旋翼直升机有单旋翼带尾桨和单旋翼无尾桨两种类型。单旋翼带尾桨最常见的直升机类型,如图 2-44 所示,其特点是一个水平旋翼负责提供升力,尾部一个小型垂直旋翼(尾桨)负责抵消旋翼产生的反扭矩。有些机型还将尾桨设计成涵道式。单旋翼无尾桨直升机的特点是一个水平旋翼负责提供升力,机身尾部侧面有空气排出,与旋翼的下洗气流相互作用产生侧向力来抵消旋翼产生的反扭矩。

2. 共轴式双旋翼直升机

两个旋翼上下排列,在同一个轴线上反向旋转,使反扭矩相互平衡。共轴式双旋翼直升机具有动力利用率高,机体设计比较结构紧凑,外形尺寸小,占用机库面积减小等特点,在悬停状态下基本不受风向干扰。但两副旋翼面之间的气流相互干扰,使流场变坏,两副旋翼很可能会发生碰撞的缺点。共轴式双旋翼直升机如图 2-45 所示。

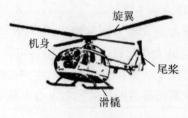

图 2-44 单旋翼直升机　　　　　　　图 2-45 共轴式双旋翼直升机

3. 纵列式双旋翼直升机

两个旋翼前后纵向排列,旋转方向相反,反扭矩相互平衡。纵列式双旋翼直升机的优势在于其旋翼纵列安置,空间占用小,机身和外挂点不受结构及外挂货物的重心变化影响,无需特殊配平,不受起落机构干扰,载重能力也更大。同时具有对起降条件要求低,具备悬停稳,飞行余度高等特性。是未来航空物流无人机的主力军。纵列式双旋翼直升机如图 2-46 所示

4. 横列式双旋翼直升机

两副旋翼完全相同左右横向排列,旋翼轴间隔较远,但旋转方向相反,其旋转时反作用力相抵消。最大优点是平衡性好,其缺点与纵列式双旋翼直升机差不多,操纵也比较复杂。横列式双旋翼直升机如图 2-47 所示。

图 2-46 纵列式双旋翼直升机　　　　　图 2-47 横列式双旋翼直升机

5. 带翼式直升机

在正常型式直升机上安装辅助机翼。一般来说带翼式直升机旋翼的桨叶载荷比较大一些,在飞行速度较大时,带翼式直升机的机翼也提供了一部分升力,从而有效减轻了旋翼的载荷,进而提升飞行速度和续航能力。带翼式直升机如图 2-48 所示。

图 2-48 带翼式直升机

2.2.3 无人直升机飞行原理

无人直升机飞行所需要的升力是靠主旋翼旋转产生的,每一片旋翼叶片都产生升力,这些升力的合力就是无人直升机的升力。同时,主旋翼又是无人直升机的操纵面,无人直升机通过

主旋翼拉力的倾斜实现前进、后退和侧飞。通过控制尾桨"拉力"和"推力"的大小,以达到无人直升机偏转的目的,从而实现无人直升机转向。总之,无人直升机姿态飞行控制力矩力来自于主旋翼和尾桨。

1. 直升机的三大铰链

意大利人 Juan de la Cierva 在 1923 年设计旋翼机时,无意中解决了直升机的一个重大问题,他发明的挥舞铰解决了困扰直升机旋翼设计的一个重大问题。1930 年 10 月,意大利人 Corradino D'Ascanio 的直升机是公认的第一架现代意义上的直升机,在 18 m 高度上前飞了800 多米的距离。

旋翼是圆周运动,由于半径的关系,翼尖处线速度已经接近声速时,圆心处线速度为零,所以旋翼靠近圆周的地方产生最大的升力,而靠近圆心的地方只产生微不足道的升力。桨叶向前滑行时,桨叶和空气的相对速度高于旋转本身所带来的线速度;反之,桨叶向后滑行时,桨叶和空气的相对速度就低于旋转本身所带来的线速度,这样,旋翼两侧产生的升力还不均匀,不做任何补偿的话,升力差可以达到 5∶1。这个周期性的升力变化不仅使机身向一侧倾斜,而且每片桨叶在圆周中不同方位产生不同的升力和阻力,周期性地对桨叶产生强烈的扭曲,既大大加速材料的疲劳,又引起很大的震动。所以旋翼的气动设计比高性能固定翼飞机的机翼设计更为复杂。

前面提到的 de la Cierva 是在实践中发现这个问题的。他的模型旋翼机试飞很成功,但是全尺寸的旋翼机一上天就横滚翻,开始以为是遇到突然的横风,第二架飞机上天同样命运。de la Cierva 经过研究,发现模型旋翼机的桨叶是用藤条材料做的,有弹性,而全尺寸旋翼机的桨叶是刚性的钢结构,由此认识到桨叶的挥舞铰的必要性。具体来说,为了补偿左右的升力不均匀和减少桨叶的疲劳,桨叶在翼根要采用一个容许桨叶回转过程中上下挥舞的铰链,这个铰链称为挥舞铰(flapping hinge,也称垂直铰)。

简单地说,挥舞铰是指直升机旋翼系统围绕主轴和横轴连接点为中心,在一定角度范围内可自适应性上下挥舞的铰链机构。其作用是在直升机前飞时补偿左右的升力不均匀和减少桨叶的疲劳,桨叶在翼根要采用一个容许桨叶在回转过程中上下挥舞的铰链,一方面桨叶在回转过程中的上下挥舞可相应地起到减少或增加迎角的作用,有效平衡了左右升力的不均衡,另一方面可使不平衡的滚转力矩无法传到机身,从而避免了直升机前飞中产生滚转。

桨叶在前行时,升力增加,桨叶自然向上挥舞。由于桨叶在旋转过程中同时上升,桨叶的实际运动方向不再是水平的,而是斜线向上的。桨叶和水平面的夹角虽然不因为桨叶向上挥舞而改变,但桨叶和气流的相对运动方向之间的夹角由于这斜线向上的运动而变小,这个夹角(而不是桨叶和水平面之间的夹角)才是桨叶真正的迎角。桨叶的迎角在升力作用下下降,降低升力。桨叶在后行时,桨叶的升力不足,自然下垂,变旋转边下降造成桨叶和气流相对运动方向之间的夹角增大,迎角增加,增加升力。由于离心力使桨叶有自然拉直的趋势,桨叶不会在升力作用下无限升高或降低,机械设计上也采取措施,保证桨叶的挥舞不至于和机体发生碰撞。桨叶在环形过程中,不断升高、降低,翼尖离圆心的距离不断改变,引起科里奥利效应,就像花样滑冰运动员经常把双臂张开、收拢,以控制旋转速度。要是一个手臂张开,一个手臂收拢,就不可能在原地旋转,就要东倒西歪了。所以桨叶在水平方向也要前后摇摆,以补偿桨叶上下挥舞所造成的科里奥利效应。摆振铰利用前行时阻力增加,使桨叶自然增加后掠角(即所谓"滞后",因为桨叶在旋转方向上的角速度低于圆心的旋转速度),这也变相增加桨叶在气流方向上剖面的长度,加强了减小迎角的作用;在后行时,阻力减小,阻尼器(相当于弹簧)使桨叶恢复到正常位置(即所谓"领先",因为桨叶在旋转方向上的角速度高于圆心的旋转速度),当然也加强了增加迎角的作用,所以摆振铰(drag hinge 也称水平铰)也称领先-滞后铰(lead lag hinge)。直升机三大铰链如图 2-49 所示。

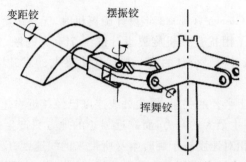

图 2-49　直升机三大铰链

简单地说,摆振铰是指直升机旋翼系统围绕主轴和横轴连接点为中心,在一定角度范围内可自适应性前后摆振的铰链机构。其作用是为了补偿桨叶挥舞铰上下挥舞造成的科里奥利效应;摆振铰利用前行时阻力增加,使桨叶自然增加后掠角,这也变相增加桨叶在气流方向上剖面的长度,加强了减小迎角的作用;在后行时,阻力减小,阻尼器使桨叶恢复到正常位置,加强了增加迎角的作用;从而进一步平衡左右升力的不均衡。

挥舞铰和摆振铰是旋翼升力均衡、飞行平稳的关键。由于桨叶在旋转中容许上下挥动和前后摆动,所以这种桨叶称为柔性桨叶(articulated rotor)。除了用机械铰链容许桨叶在环形过程中相对于其他桨叶有一定的挥舞外,材质也必须具有弹性,这就是为什么直升机停在地面时,桨叶总是"耷拉"着的原因。由于机械铰链磨损大,可靠性不好,德国 MBB(战时著名的梅塞斯米特就是 MBB 中的 M)用弹性元件取代了挥舞铰,研制成功无铰桨叶,第一个应用无铰桨叶的是 MBB Bo-105,中国曾进口一批,用于支援海上采油平台。

前行桨叶可以在升力作用下向上挥舞,从而降低升力,达到平衡;后行桨叶则向下弯曲,从而提高升力,达到平衡。

双叶旋翼是一个采用刚性铰链的特例,桨叶和圆心的桨毂刚性连接,用一个单一的"跷跷板"铰链同时代替挥舞铰和摆振铰,所以也称为半刚性桨叶(semi-rigid rotor)。跷跷板铰链在一侧桨叶上扬时,将另一侧桨叶自然下压;在一侧桨叶"领先"时,将另一侧桨叶自然"滞后",既简化了机械设计,又完美地实现了更复杂的机械设计才能实现的功能。贝尔直升机公司用双叶用出了味道,越战期间漫天蝗虫似的 UH-1 就是双叶,后来的 AH-1 也是。不过"跷跷板"设计只能用于双叶旋翼。双叶旋翼有无可置疑的简洁性和由此而来的成本和可靠性上的优势,但双叶旋翼也只有两片桨叶可以产生升力,和多叶桨叶相比,跷跷板式挥舞结构旋翼要达到相同的升力效果则需要增加旋翼直径和增加旋翼转速,这样来,前者增加了总体尺寸和阻力,后者则增加了噪声。跷跷板结构如图 2-50 所示。

直升机还有第三个重要铰链机构即总距铰(也称变距铰)。

总距铰是指直升机旋翼系统围绕横轴为旋转中心可在一定角度范围内调整桨叶迎角的铰链机构。其作用是控制桨叶的螺距(迎角),从而控制直升机的上升和下降。

旋翼是直升机的关键部件。它由数片(至少两片)桨叶和桨毂构成,形状像细长机翼的桨叶连接在桨毂上。桨毂安装在旋翼轴上，旋翼轴方向接近于铅垂方向，一般由发动机带动旋转。旋转时，桨叶与周围空气相互作用，产生气动力。直升机旋翼绕旋翼转轴旋转时，每个叶片的工作都与一个机翼类似。沿旋翼旋转方向在半径 r 处切一刀，其剖面形状是一个翼型，如图 2-51(a)所示。翼型弦线与垂直于桨毂旋转轴的桨毂旋转平面之间的夹角称为桨叶的安装角（或桨距），以 Φ 表示，如图 2-51(b)所示。相对气流与翼弦之间的夹

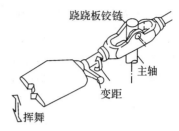

图 2-50　跷跷板结构

角为该剖面的迎角 α。因此，沿半径方向每段叶片上产生的空气动力 R 可分解为沿桨轴方向上的分量 F 和在旋转平面上的分量 D。F 将提供悬停时需要的拉力；D 产生的阻力力矩将由发动机所提供的功率来克服。

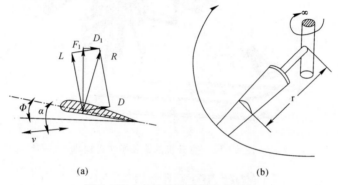

(a)　　　　　　　　　　　　　　(b)

图 2-51　直升机旋翼的工作原理
(a) 旋翼的翼型；　(b) 桨叶的桨距

　　旋翼旋转所产生的拉力和阻力的大小，不仅取决于旋翼的转速，而且取决于桨叶的桨距。调节旋翼的转速和桨距都可以达到调节拉力大小的目的。但是旋翼转速取决于发动机的主轴转速，而发动机转速有一个最佳的工作范围，因此，拉力的改变主要靠调节桨叶桨距来实现。但是，桨距变化将引起阻力力矩变化，所以，在调节桨距的同时还要调节发动机油门，保持转速尽量靠近最有利的工作转速。

2. 直升机的飞行性能

　　直升机飞行性能分为垂直飞行性能和前飞性能两类。

　　(1) 垂直飞行性能。垂直飞行性能包括在正常状态(作用在直升机上的力和力矩都处于平衡的、无加速度运动的状态)时，不同高度的垂直上升速度为零所对应的极限高度，为理论静升限，也叫悬停高度。这个高度是个理论值，是达不到的。因此，通常把垂直上升速度为 0.5 m/s 所对应的高度称为实用静升限，或叫实用悬停高度。

　　(2) 直升机前飞性能。直升机前飞性能与固定翼飞机的飞行性能相似，包括：① 平飞速度范围，指在不同高度的巡航速度、有利速度和最大速度；② 爬升性能，指在不同高度上具有前进速度时的最大爬升率、达到不同高度所需的爬升时间及可能爬升到的最大高度(平飞升限或动升限)；③ 续航性能，包括在不同高度的最大续航时间和最大航程；④ 自转下滑性能，指在不同高度的最小下滑率和最小下滑角。

3. 直升机的操纵性和稳定性

（1）直升机的操作系统。直升机的操纵系统是指传递操纵指令、进行总距操纵、变距操纵和脚操纵（或航向操纵）的操纵机构和操纵线路。通过总距操纵来实现直升机的升降运动；通过变距操纵来实现直升机的前后左右运动；通过航向操纵来改变直升机的飞行方向。如图2-52和图2-53所示为直升机的旋翼操纵机构和尾桨操纵机构。

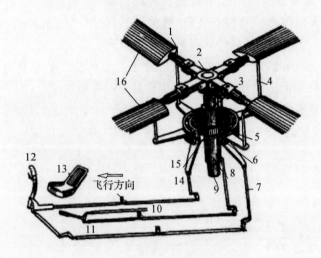

图 2-52　直升机的旋翼操作机构

1—桨叶摇臂；2—桨毂；3—拨杆；4—变距拉杆；5—外环；

6—旋转坏；7—横向操纵摇臂；8—滑筒；9—导筒；10—与发动机节气门连接；11—油门变距杆；

12—驾驶杆；13—座椅；14—纵向操纵摇臂；15—内环；16—桨叶

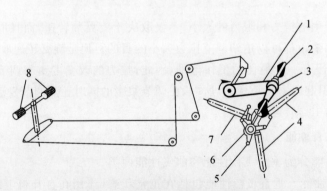

图 2-53 直升机的尾桨操作机构

1—传动链条；2—滑动操纵杆；3—蜗杆套筒；4—桨叶纵轴；

5—操纵变距环；6—轴；7—尾桨桨叶；8—脚蹬

1）总距操纵。总距操纵是用来操纵旋翼的总桨距，使各片桨叶的安装角同时增大或减小，从而改变旋翼拉力的大小。当拉力大于直升机重力时，直升机就上升，反之，直升机则下降，如图2-54(a)所示。旋翼总桨距改变时，旋翼的需用功率也随着改变。因此，必须相应地改变发动机的油门，使发动机的输出功率与旋翼的需用功率相匹配以保持旋翼速度不变。为减轻驾驶员负担，发动机油门操纵和总距操纵通常是交联的。改变总距时，油门开度也相应地改变。因此,总距操纵一般又称为总桨距-油门操纵。

2) 变距操纵。变距操纵即为周期变距操纵,它通过自动倾斜器使桨叶的安装角周期改变,从而使桨叶升力周期改变,并由此引起桨叶周期挥舞,最终导致旋翼锥体相对于机体向着驾驶杆运动的方向倾斜。由于拉力基本上垂直于桨盘平面,因而拉力也向驾驶杆运动方向倾斜,从而实现纵向(包括俯仰)及横向(包括滚转)运动。例如,当拉力前倾时,产生向前的分力,直升机向前运动,当拉力后倾时,产生向后的分力,直升机向后运动,如图 2-54(b) 所示。

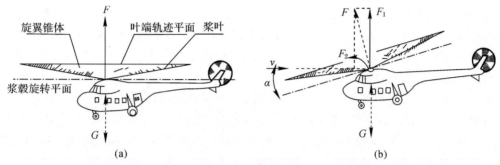

图 2-54　直升机的操作

(a)总距操纵；　(b)变距操纵

3) 航向操纵。航向操纵是用方向舵操纵尾桨的锥力(或拉力)的大小,实现航向操纵。当尾桨的锥力(或拉力)改变时,此力对直升机重心的力矩与旋翼的反作用力矩不再平衡,直升机绕立轴转动,使航向发生变化。

直升机操纵性是指直升机的运动状态对驾驶员操纵动作的反应能力。驾驶员通过操纵驾驶杆的纵向或横向位移,来改变自动倾斜器的倾斜角,以实现纵向和横向力矩操纵。通过操纵脚蹬的位移,来改变尾桨距以实现航向力矩操纵。

(2) 直升机的稳定性。直升机的稳定性是指直升机受到扰动后能够自己恢复其原来状态的能力。通常分为静稳定性和动稳定性。一般情况下,直升机受到扰动后偏离原来的平衡状态,当扰动消失后,直升机的运动状态可能会出现以下 4 种情况:非周期衰减运动——动稳定,非周期发散运动——动不稳定,周期减幅运动——动稳定,以及周期增幅运动——动不稳定。此外,还可能有非常周期中性运动和周期等幅运动。直升机的动稳定性通常不能令人满意,受到扰动后,其纵向运动和横向运动一般发生变化。

4. 直升机的飞行分析

(1) 直升机的前飞。直升机的前飞,特别是平飞,是其最基本的一种飞行状态。直升机作为一种运输工具,主要依靠前飞来完成其作业任务。为了更好地了解有关直升机前飞时的飞行特点,从无侧滑的等速直线平飞入手。直升机的水平直线飞行简称平飞。平飞是直升机使用最多的飞行状态,旋翼的许多特点在平飞时表现得更为明显。直升机平飞的许多性能决定于旋翼的空气动力特性,因此需要首先说明这种飞行状态下直升机的力和旋翼的需用功率。

平飞时力的平衡:相对于速度轴系平飞时,作用在直升机上的力主要有旋空拉力 T,全机重力 G,机体的废阻力 $X_{身}$ 及尾桨推力 $T_{尾}$。前飞时速度轴系选取的原则:X 轴指向飞行速度 V 方向；Y 轴垂直于 X 轴向上为正,Z 轴按右手法则确定。保持直升机等速直线平飞的力的平衡条件如下:

X 轴：$T_2 = X_身$；

Y 轴：$T_1 = G$；

Z 轴：T_3 约等于 $T_尾$。

其中，T_1，T_2，T_3 分别为旋翼拉力在 X，Y，Z 三个方向的分量。对于单旋翼带尾桨直升机，由于尾桨轴线通常不在旋翼的旋转平面内，为保持侧向力矩平衡，直升机稍带坡度角 r，故尾桨推力与水平面之间的夹角为 y，$T_尾$ 与 T_3 方向不完全一致，因为 y 角很小，即 $\cos r$ 约等于 1，故 Z 向力采用近似等号。平飞需用功率及其随速度的变化平飞时，飞行速度垂直分量 $V_v = 0$，旋翼在重力方向和 Z 方向均无位移，在这两个方向的分力不做功，此时旋翼的需用功率由三部分组成：型阻功率——$P_型$；诱导功率——$P_诱$；废阻功率——$P_废$。其中第三项是旋翼拉力克服机身阻力所消耗的功率。

直升机的拉力状态如图 2-55 所示。从图 2-55 可以看出，旋翼拉力的第二分力 T_2 可平衡机身阻力 $X_身$。对旋翼而言，其分力 T_2 在 X 轴方向以速度 V 作位移。显然旋翼必须做功，$P = T_2 V$ 或 $P_废 = X_身 V$，而机身废阻 $X_身$ 在机身相对水平面姿态变化不大的情况下，其值近似与 V 的二次方成正比。这样废阻功率 $P_废$ 就可以近似认为与平飞速度的三次方成正比。

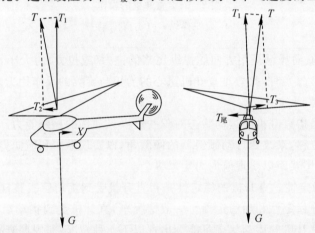

图 2-55　直升机的拉力状态

如图 2-56 中的点画线③所示。平飞时，诱导功率为 $P_诱 = T v_l$，其中 T 为旋翼拉力，v_l 为诱导速度。当飞行重量不变时，近似认为旋翼拉力不变，诱导速度随平飞速度 V 的增大而减小，因此平飞诱导功率 $P_诱$ 随平飞速度 V 的变化如图 2-56 中细实线②所示。平飞型阻功率 $P_型$ 则与桨叶平均迎角有关。随平飞速度的增加其平均迎角变化不大。所以 $P_型$ 随平飞速度 V 的变化不大，如图 2-56 中虚线①所示。

图 2-56 中的实线④为上述三项之和，即总的平飞需用功率 $P_{平需}$ 随平飞速度的变化而变化。它是一条马鞍形的曲线：小速度平飞时，废阻功率很小，但这时诱导功率很大，所以总的平飞需用功率仍然很大。但比悬停时要小些。在一定速度范围内，随着平飞速度的增加，由于诱导功率急剧下降，而废阻功率的增量不大，因此总的平飞需用功率随平飞速度的增加呈下降趋势，但这种下降趋势随 V 的增加逐渐减缓。速度继续增加则由于废阻功率随平飞速度增加急剧增加。平飞需用功率随 V 的增加在达到平飞需用功率的最低点后增加；总的平飞需用功率随 V 的变化则呈上升趋势，而且变得愈来愈明显。

相对气流不对称,引起挥舞及桨叶迎角的变化如图 2-57 所示。

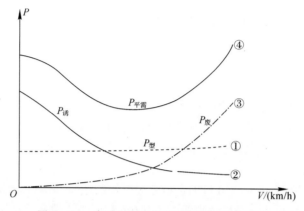

图 2-56　直升机平飞需用功率随速度的变化

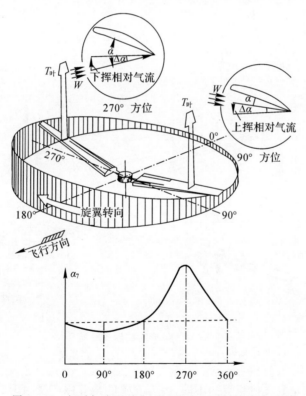

图 2-57　相对气流不对称,引起挥舞及桨叶迎角的变化

(2) 直升机的侧飞。侧飞是直升机特有的又一种飞行状态,它与悬停、小速度垂直飞行及后飞一起是实施某些特殊作业不可缺少的飞行性能。一般侧飞是在悬停基础上实施的飞行状态。其特点是要多注意侧向力的变化和平衡。由于直升机机体的侧向投影面积很大,机体在侧飞时其空气动力阻力特别大,因此直升机侧飞速度通常很小。由于单旋翼带尾桨直升机的侧向受力是不对称的,因此左侧飞和右侧飞受力各不相同。向后行桨叶一侧侧飞,旋翼拉力向后行桨叶一侧的水平分量大于向前行桨叶一侧的尾桨推力,直升机向后方向运动,会产生与水

平分量反向的空气动力阻力 Z。当侧力平衡时,水平分量等于尾桨推力与空气动力阻力之和,能保持等速向后行桨叶一侧侧飞。向前行桨叶一侧侧飞时,旋翼拉力的水平分量小于尾桨推力,在剩余尾桨推力作用下,直升机向尾桨推力方向一侧运动,空气动力阻力与尾桨推力反向,当侧力平衡时,保持等速向前行桨叶一侧飞行。

5. 直升机旋翼的空气动力特点

(1)旋翼的空气动力特点。

1)产生向上的升力用来克服直升机的重力。即使直升机的发动机空中停车时,驾驶员可通过操纵旋翼使其自转,仍可产生一定升力,减缓直升机下降趋势。

2)产生向前的水平分力克服空气阻力使直升机前进,类似于飞机上推进器的作用(例如螺旋桨或喷气发动机)。

3)产生其他分力及力矩对直升机的影响;进行控制或机动飞行,类似于飞机上各操纵面的作用。旋翼由数片桨叶及一个桨毂组成。工作时,桨叶与空气做相对运动,产生空气动力;桨毂则用来连接桨叶和旋翼轴,以转动旋翼。桨叶一般通过铰接方式与桨毂连接(见图 2-58)。

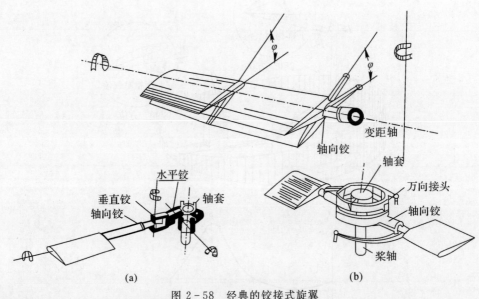

图 2-58 经典的铰接式旋翼
(a)铰接式旋翼; (b)万向接头式旋翼

旋翼的运动与固定翼飞机机翼的不同,因为旋翼的桨叶除了随直升机一同作直线或曲线运动外,还要绕旋翼轴旋转,因此桨叶空气动力现象要比机翼的复杂得多。先来考察一下旋翼的轴向直线运动这就是直升机垂直飞行时旋翼工作的情况,它相当于飞机上螺旋桨的情况。由于两者技术要求不同,旋翼的直径大且转速小;螺旋桨的直径小而转速大。在分析、设计上就有所区别设一旋翼,桨叶片数为 k,以恒定角速度 Ω 绕轴旋转,并以速度 V_0 沿旋转轴做直线运动。如果在想象中用一中心轴线与旋翼轴重合,而半径为 r 的圆柱面把桨叶裁开,并将这圆柱面展开成平面,就得到桨叶剖面。既然这时桨叶包括旋转运动和直线运动,对于叶剖面来说,应有角向速度(等于 Ωr)和垂直于旋转平面的速度(等于 V_0),而合速度是两者的矢量和。

显然可以看出，用不同半径的圆柱面所截出来的各个桨叶剖面，它们的合速度是不同的：大小不同，方向也不相同。如果再考虑到由于桨叶运动所激起的附加气流速度（诱导速度），那么桨叶各个剖面与空气之间的相对速度就更加不同。与机翼相比较，这就是桨叶工作条件复杂，对它的分析比较麻烦的原因所在。

桨叶的运动及合速度如图 2-59 所示。

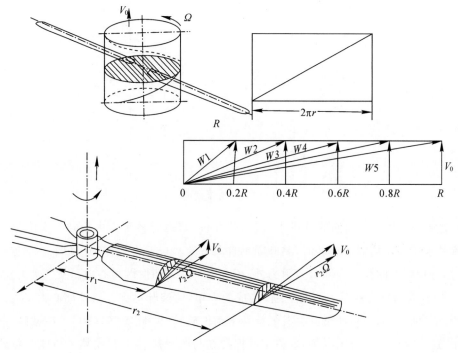

图 2-59　桨叶的运动及合速度

（2）旋翼拉力产生的滑流理论。现以直升机处于垂直上升状态为例，应用滑流理论说明旋翼拉力产生的原因。滑流理论如图 2-60 所示。此时，将流过旋翼的空气，或正确地说，受到旋翼作用的气流，整个地看作一根光滑流管加以单独处理。假设：

空气是理想流体，没有黏性，也不可压缩；

旋转着的旋翼是一个均匀作用于空气的无限薄的圆盘（即桨盘），流过桨盘的气流速度在桨盘处各点为一常数；

气流流过旋翼没有扭转（即不考虑旋翼的旋转影响），在正常飞行中，滑流没有周期性的变化。

根据以上假设可以作出描述旋翼在：垂直上升状态下滑流的物理图像，如图 2-60 所示，图中选取三个滑流截面，S_0、S_1 和 S_2，在 S_0 面，气流速度就是直升机垂直上升速度 v_0，压强为大气压 p_0，在 S_1 的上面，气流速度增加到 $v_1 = v_0 + v_1$，压强为 $p_{1上}$，在 S_1 的下面，由于流动是连续的，所以速度仍是 v_1，但压强有了突跃 $p_{1下} > p_{1上}$，$p_{1下} - p_{1上}$ 即旋翼向上的拉力。在 S_2 面，气流速度继续增加至 $v_2 = v_0 + v_2$，压强恢复到大气压强 p_0。

这里的 v_1 是桨盘处的诱导速度。v_2 是下游远处的诱导速度，也就是在均匀流场内或静止空气中所引起的速度增量。对于这种现象，可以利用牛顿第三运动定律来解释拉力产生的原因。

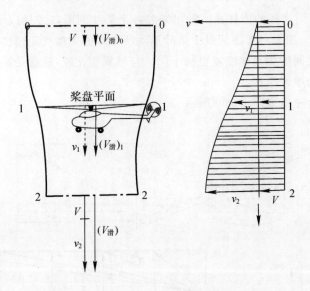

图 2-60　滑流理论

（3）旋翼的锥体。在前面的分析中，假定桨叶位：桨毂旋转平面内旋转。实际上，目前的直升机都具水平铰。旋翼不旋转时，桨叶受垂直向下的本身重力的作用［见图 2-61(a)］。旋翼旋转时，每片叶上的作用力除自身重力外，还有空气动力和惯性离心力。空气动力拉力向上的分力（T）方向与重力相反，它绕水平铰构成的力矩，使桨叶上挥。惯性离心力（$F_{离心}$）相对水平铰所形成的力矩，力矩使桨叶在桨毂旋转平面内旋转［见图 2-61(b)］。在悬停或垂直飞行状态中，这三个力矩综合的结果，使得桨叶保持在与桨毂旋转平面成某一角度的位置上，旋翼形成一个倒立的锥体。桨叶从桨毂旋转平面扬起的角度叫锥角。桨叶产生的拉力约为桨叶本身重量的 10～15 倍，但桨叶的惯性和离心力更大（通常为桨叶拉力的十几倍），所以锥角实际上并不大，仅有 3°～5°。旋翼锥体如图 2-61 所示。

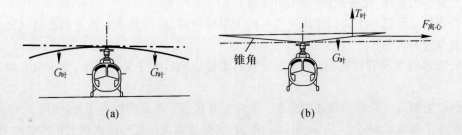

（a）　　　　　　　　　　　　　（b）

图 2-61　旋翼锥体

（4）悬停时功率分配。从能量转换的观点分析，直升机在悬停状态时（见图 2-62），发动机输出的轴功率，其中约 90％用于旋翼，分配给尾桨、传动装置等消耗的轴功率加起来约占 10％。旋翼所得到的 90％的功率当中，旋翼型阻功率又用去 20％，旋翼用于转变成气流动能以产生拉力的诱导功率仅占 70％。

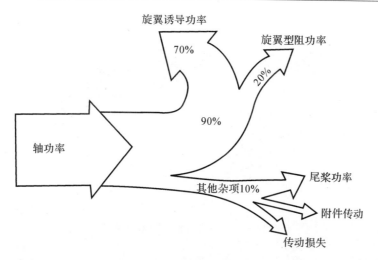

图 2-62　悬停时功率分配

（5）旋翼拉力产生的涡流理论。根据前面所述的理论，只能宏观地确定不同飞行状态整个旋翼的拉力和需用功率，但无法得知沿旋翼桨叶径向的空气动力载荷，无法进行旋翼设计。为此，必须进一步了解旋翼周围的流场，即旋翼桨叶作用于周围空气所引起的诱导速度，在理论空气动力学中，涡流理论就是求解任一物体（不论飞机机翼或旋翼桨叶）作用于周围空气所引起的诱导速度的方法。从涡流理论的观点来看，旋翼桨叶对周围空气的作用，相当于某一涡系在起作用，也就是说，旋翼的每片桨叶可用一条（或几条）附着涡及很多由桨叶后缘逸出的、以螺旋形在旋翼下游顺流至无限远的尾随涡来代替。按照旋翼经典涡流理论，对于悬停及垂直上升状态（即轴流状态），旋翼涡系模型就像一个半无限长的涡柱，由一射线状的圆形涡盘的附着涡系及多层同心的圆柱涡面（每层涡面由螺旋涡线所组成）的尾迹涡系两部分所构成（见图 2-63）。

这套涡系模型完全与推进螺旋桨的情况相同。至于旋翼在前飞状态的涡系模型，可以合理地引申为一个半无限长的斜向涡柱，由一圆形涡盘的附着涡系及多层斜向螺旋涡线的斜向涡面的尾迹涡系两部分所构成（见图 2-64）。

悬停

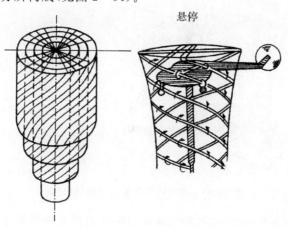

图 2-63　直升机旋停、垂直上升状态的涡柱

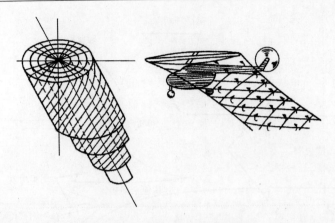

图 2-64　直升机前飞状态的涡柱

6. 直升机操作特点

　　直升机不同于固定翼飞机,一般都没有在飞行中供操纵的专用活动舵面。这是由于在小速度飞行或悬停中,其作用也很小,因为只有当气流速度很大时舵面或副翼才会产生足够的空气动力。单旋翼带尾桨的直升机主要靠旋翼和尾桨进行操纵,而双旋翼直升机靠两副旋翼来操纵。由此可见,旋翼还起着飞机的舵面和副翼的作用。

　　为了说明直升机操纵特点,先介绍直升机驾驶舱内的操纵机构。直升机驾驶员座舱操纵机构及配置直升机驾驶员座舱主要的操纵机构是驾驶杆(又称周期变距杆)、脚蹬、油门总距杆。此外还有油门调节环、直升机配平调整片开关及其他手柄(见图 2-65)。

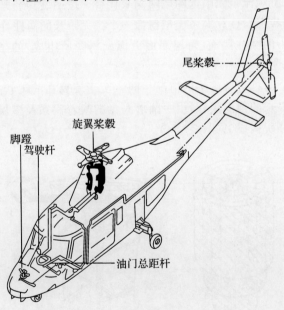

图 2-65　直升机驾驶舱内的操纵机构

　　驾驶杆位于驾驶员座椅前面,通过操纵线系与旋翼的自动倾斜器连接。驾驶杆偏离中立位置表示:

　　向前——直升机低头并向前运动;

向后——直升机抬头并向后退；

向左——直升机向左倾斜并向左侧运动；

向右——直升机向右倾斜并向右侧运动。

脚蹬位于座椅前下部，对于单旋翼带尾桨的直升机来说，驾驶员蹬脚蹬操纵尾桨变距改变尾桨推(拉)力，对直升机实施航向操纵。油门总距杆通常位于驾驶员座椅的左方，由驾驶员左手操纵，此杆可同时操纵旋翼总距和发动机油门，实现总距和油门联合操纵。

自动倾斜器构造如图 2-66 所示。自动倾斜器的主要零件包括：旋转环连接桨叶拉杆，旋转环利用滚珠轴承连接在不旋转环上，不旋转环压在套环上；套环带有横向操纵拉杆和纵向操纵拉杆；操纵总桨距的滑筒。直升机的驾驶杆动作时，旋转环和不旋转环随同套环一起向前、后、左、右倾斜或任意方向倾斜。

因为旋转环用垂直拉杆同桨叶连接，所以旋转环的旋转面倾斜会引起桨叶绕纵轴做周期性转动，即旋翼每转一周重复一次，换句话说，每一桨叶的桨距将进行周期性变化。为了解桨距的变化，应分别分析直升机的两种飞行状态，即垂直飞行状态和水平飞行状态。垂直飞行，靠改变总距来实施，换句话说，就是靠同时改变所有桨叶的迎角来实施。此时所有桨叶同时增大或减小相同的迎角，就会相应地增大或减小升力，因而直升机也会相应地进行垂直上升或下降。操纵总距是用座舱内驾驶员座椅左侧的油门总距杆。从图 2-66 中看出，若上提油门总距杆，则不旋转环和旋转环向上抬起，各片桨叶的桨距增大，直升机上升。若下放油门总距杆，直升机则垂直下降。

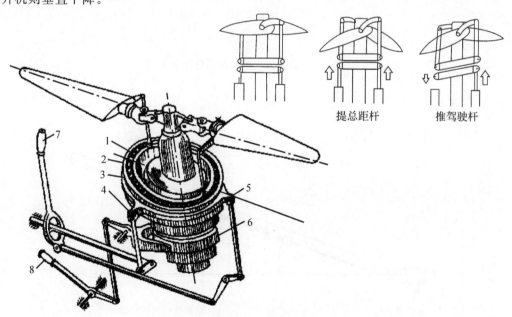

提总距杆　　　　　推驾驶杆

图 2-66　自动倾斜器构造

1—旋转杆；2—不旋转杆；3—套环；4,5—操纵拉杆；

6—滑筒；7—直升机驾驶杆；8—油门变距杆

直升机水平飞行要使旋翼旋转平面倾斜，使旋翼总空气动力矢量倾斜得出水平分力。旋转平面倾斜是靠周期性改变桨距得到的。这说明，旋翼每片桨叶的桨距在每一转动周期中(每转一周)，先增大到某一数值，然后下降到某一最小数值，继而反复循环。各种方位的桨距周期性变化如图 2-67 所示。下面考察自动倾斜器未倾斜和向前倾斜时作用于桨叶上的各力。

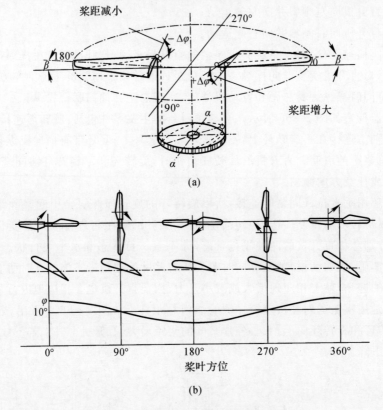

(a)

(b)

图 2-67 各种方位的桨距周期性变化

旋翼旋转时,每片桨叶上的作用力如图 2-68 所示:升力 $Y_叶$,重力 $G_叶$,挥舞惯性力 J 和离心力 $J_{离心力}$。

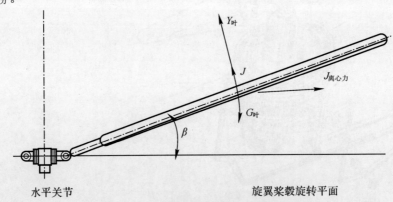

图 2-68 飞行中旋翼旋转时作用于桨叶上的力

$Y_叶$—升力; $G_叶$—重力; J—桨叶挥舞惯性力; $J_{离心力}$—离心力

尾桨操纵没有自动倾斜器,也不存在周期变距问题。靠蹬脚蹬改变尾桨的总距来操纵尾桨。驾驶员蹬脚蹬后,齿轮通过传动链条带动蜗杆螺帽转动,蜗杆螺帽沿旋转轴推动滑动操纵杆滑动(见图 2-68),杆用轴承固定在三爪传动臂上,另一端则用槽与支座相连,以防止滑动操纵杆转动。三爪传动臂随同尾桨叶转动,通过三个拉杆使三片桨叶绕自身纵轴同时转动,此时，根据脚蹬蹬出方向和动作量大小，来增大或减小尾桨桨距。布局形式如图 2-69 所示。

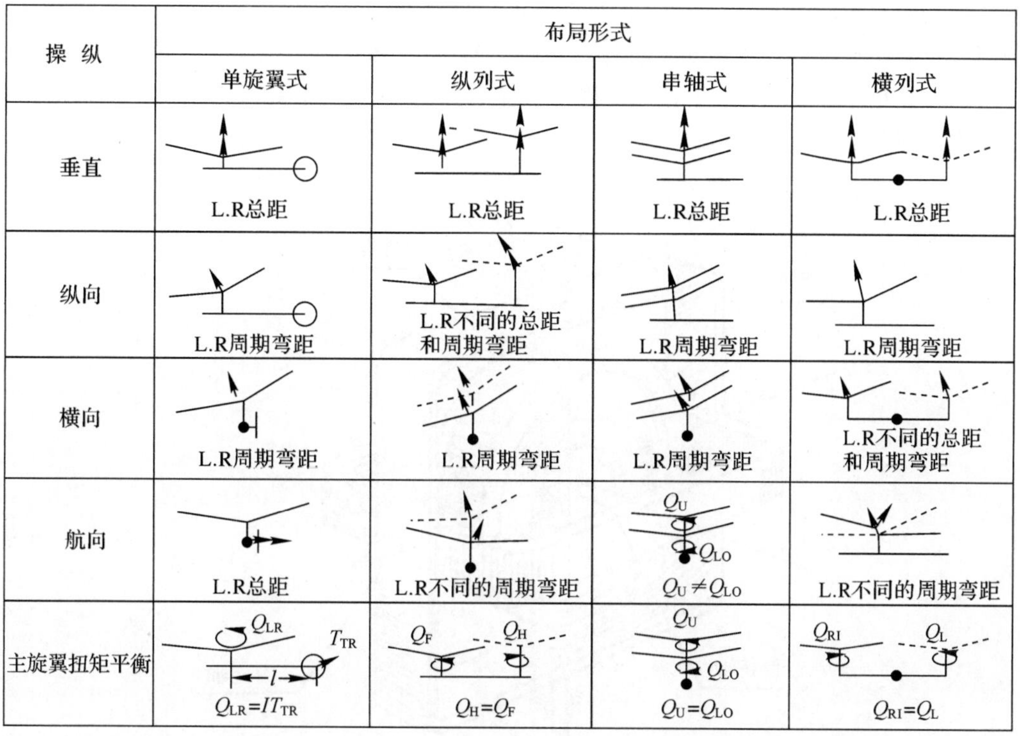

操纵
布局形式
单旋翼式
纵列式
串轴式
横列式
垂直
L.R总距
L.R总距
L.R总距
L.R总距
纵向
L.R周期弯距
L.R不同的总距
和周期弯距
L.R周期弯距
L.R周期弯距
横向
L.R周期弯距
L.R周期弯距
L.R周期弯距
L.R不同的总距
和周期弯距
航向
L.R总距
L.R不同的周期弯距
Q_U
Q_{LO}
$Q_U \neq Q_{LO}$
L.R不同的周期弯距
主旋翼扭矩平衡
Q_{LR}
T_{TR}
l
$Q_{LR}=lT_{TR}$
Q_F
Q_H
$Q_H=Q_F$
Q_U
Q_{LO}
$Q_U=Q_{LO}$
Q_{RI}
Q_L
$Q_{RI}=Q_L$

图 2-69　布局形式

直升机飞行主要靠旋翼产生的拉力。当旋翼由发动机通过旋转轴带动旋转时，旋翼给空气以作用力矩(或称扭矩)，空气必然在同一时间以大小相等、方向相反的反作用力扭矩作用于旋翼(或称反扭矩)，从而再通过旋翼将这一反作用力扭矩传递到直升机机体上。如果不采取措施予以平衡，那么这个反作用力扭矩就会使直升机逆旋翼转动方向旋转，如图 2-70 所示。

旋翼旋转方向
$T_{尾将}$
反作用力扭矩

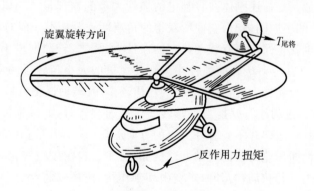

图 2-70　单旋翼直升机的反作用力扭矩

7. 陀螺效应

重力对高速旋转中的陀螺产生的对支撑点的力矩不会使其发生倾倒，而发生小角度的进动，此即陀螺效应。简单地说，就是物体转动时的离心力会使自身保持相对平衡。

所谓陀螺效应，就是旋转着的物体具有像陀螺一样的效应。陀螺有两个特点：进动性和定轴性。当高速旋转的陀螺遇到外力时，它的轴的方向是不会随着外力的方向发生改变的，而是轴围绕着一个定点进动。大家如果玩过陀螺就会知道，陀螺在地上旋转时轴会不断地扭动，这就是进动。简单来说，陀螺效应就是旋转的物体有保持其旋转方向（旋转轴的方向）的惯性。三自由度陀螺如图 2-71 所示。

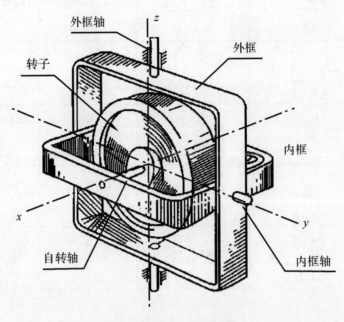

图 2-71 三自由度陀螺

（1）所谓定轴性，就是当陀螺转子以高速旋转时，在没有任何外力矩作用在陀螺仪上时，陀螺仪的自转轴在惯性空间中的指向保持稳定不变的特性，也称为稳定性。其稳定性与以下的物理量有关：转子的转动惯量愈大，稳定性愈好；转子角速度愈大，稳定性愈好。

所谓的"转动惯量"，是描述刚体在转动中的惯性大小的物理量。当以相同的力矩分别作用于两个绕定轴转动的不同刚体时，它们所获得的角速度一般是不一样的，转动惯量大的刚体所获得的角速度小，也就是保持原有转动状态的惯性大；反之，转动惯量小的刚体所获得的角速度大，也就是保持原有转动状态的惯性小。转动惯量的大小与转子的质量、形状等因素有关。质量越大，转动惯量就越大；沿外缘分布的物质越多，其转动惯量也越大。

（2）进动性：所谓"进动性"，就是当陀螺转子以高速旋转时，如果施加的外力矩是沿着除自转轴以外的其他轴向，陀螺并不顺着外力矩的方向运动，其转动角速度方向与外力矩作用方向互相垂直，这种特性叫作陀螺仪的进动性。例如：对于三自由度陀螺来说，若外力矩绕外环轴作用，陀螺仪将绕内环轴转动；若外力矩绕内环轴作用，陀螺仪将绕外环轴转动。对于二自由度陀螺（没有外框）来说，当强迫其绕第三轴（假想的外框轴）运动时，则陀螺将绕内框轴转动。

高速旋转的陀螺如图 2-72(a)所示，当外力沿轴向作用于陀螺或作用于陀螺的重心时，它将沿着力的方向运动，其陀螺轴的方向并不改变，如图 2-72(b)所示。当外力试图使陀螺轴发生倾斜时，陀螺轴并不沿外力的方向倒下，而是按转子的转向沿偏转 90°的方向倒下。这就是陀螺的进动性,如图 2-73 所示。

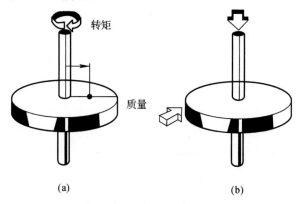

图 2-72　陀螺仪的定轴性

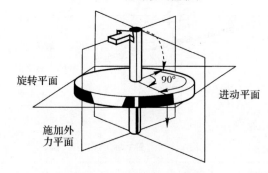

图 2-73　陀螺仪的进动性

　　在直升机中,主旋翼就是一个大陀螺,它本身具有陀螺效应。当改变主旋翼倾角时,直升机的运动状态就会发生改变。但同时,如果用舵机直接改变主旋翼的倾角来控制飞机,是存在许多问题的。首先,主旋翼倾角的改变需要较大的力矩。如果用十字盘直接控制的话,强大的、交变的力矩将会直接作用到舵机上。这样舵机将会受到很大负荷,操纵精度会严重下降。其次,直升机受到轻微扰动后,由于陀螺的进动性,直升机将不会恢复原来状态,而是绕着垂线方向进动。

　　由于重力不通过旋翼头中心,因而造成力矩的产生,从而导致主旋翼发生进动。这是个严重的问题,它会直接导致直升机悬停/飞行时无法稳定。基于以上问题,工程师便创造了贝尔-希拉式操作方式/结构(即伺服小翼式结构,俗称副翼——仅存在于两桨叶的直升机中)。

8. 操纵过程

　　(1) 初始状态。希拉小翼由于空气和离心力作用,和主旋翼平面平行。此时两片主旋翼升力相等,飞行状态不发生变化。旋翼初始状态如图 2-74 所示。

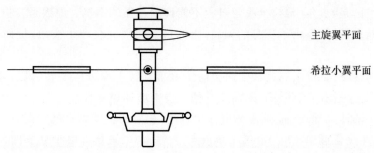

图 2-74 旋翼初始状态

（2）外界气流对飞机进行干扰时。当遇到气流时，由于主旋翼的旋转，会导致左、右主旋翼相对于空气的速度不同，从而产生力矩，使飞机偏离平衡位置。旋翼扰动状态如图 3-38 所示。

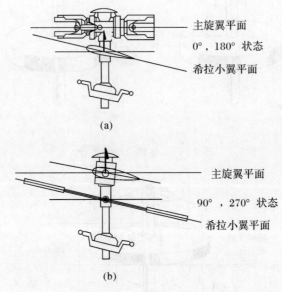

图 2-75 旋翼扰动状态

飞机机身及主旋翼平面由于干扰而失去平衡位置。但由于希拉小翼采用对称翼型，受到外界干扰较少。由于陀螺效应的定轴性，希拉小翼平面保持不变。所以此时主旋翼平面由于与希拉小翼平面有夹角而产生恢复力矩，抵抗外界干扰。这就是贝尔-希拉控制方式的自稳定过程。也正是这个过程，使得直升机避免了被干扰后就陷于进动的问题。希拉小翼状态如图 2-76 所示。

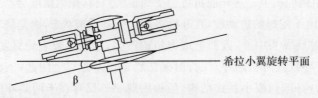

图 2-76 希拉小翼状态

同时，当直升机高速前进时，由于左、右主旋翼相对空气的速度不同，会导致力矩的产生，使飞机抬头的现象也被这种贝尔-希拉控制方式有效抑制，从而有效地提高遥控直升机的可操纵性。值得注意的是，贝尔-希拉自稳定过程不能抑制过强的干扰。原因是希拉小翼旋转平面保持原来运动状态的同时，由于机身的倾斜，小翼与空气平面会产生夹角，从而破坏小翼原来的运动状态。

由于 β 角的存在，希拉小翼旋转平面会向主旋翼旋转平面方向旋转，最后趋于平行，所以贝尔-希拉的自稳定过程是有限的，还需要其他手段来增加稳定性。

（3）主动操纵时。图 2-77 所示为同一个视角，主旋翼转动到不同角度时的状态。在图 I 中，若操纵者将十字盘倾斜 10°。希拉小翼就与空气呈 10°倾角。由于空气的作用，希拉小翼在图 I 位置受力。由于陀螺效应,希拉小翼不会在图 I 位置立即上抬,而是在转过 90°后在上图 II 位置上抬。

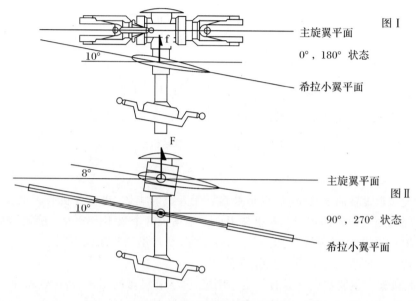

图 2-77　主动操作时旋翼的状态

于是希拉小翼旋转平面与主旋翼平面呈 10°夹角并稳定于此。

在图 II 中,我们清晰地看见,由于希拉小翼通过连杆控制着主旋翼的倾角,因而希拉小翼旋转平面的改变导致了主旋翼与空气产生夹角,从而使主旋翼在图 II 位置受力。由于陀螺效应,主旋翼不会在图 II 位置立即上抬,而是在转过 90°后在图 I 位置上抬,从而使得主旋翼平面趋于平行于希拉小翼。

至此,直升机主旋翼平面的倾转过程已经分析完成。我们了解到,直升机的倾转总是希拉小翼旋转平面先倾转,主旋翼平面跟上趋于平行的过程。重要的是,在这一过程中主旋翼操纵的大部分负荷被希拉小翼完全承担。舵机只需承担操纵希拉小翼的负荷。这就有效地化解了一般操纵方式舵机负荷过重的问题。

2.3　多旋翼无人机结构与飞行原理

2.3.1　多旋翼无人机结构

多旋翼无人机出现在 21 世纪初,依靠对若干旋翼的速度调整实现无人机的悬停、前进运动。引擎和直接安装的螺旋桨是唯一可以活动的部件。使用这种无人机需要对旋翼旋转进行精准的同步调制,只有电动机才能完成这一任务。目前多旋翼无人机主要有四旋翼无人机、六旋翼无人机、八旋翼无人机等。

多旋翼无人机结构组成一般包括机架、起落架、电机和电调、电池、螺旋桨、飞控系统、遥控装置、GPS 模块、任务设备和数据链路。对于其组成归纳来说如图 2-78 所示。

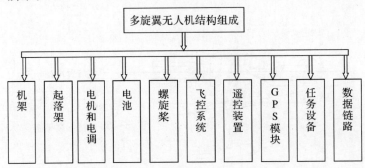

图 2-78　多旋翼无人机结构组成

1. 机架

机架是大多数设备的安装位置，也是多旋翼无人机的主体，也称为机身。电机、电调和飞控板（飞行控制器）等设备都要安装在机架上面。根据机臂个数不同分为三旋翼、四旋翼、六旋翼、八旋翼、十六旋翼、十八旋翼，也有四轴八旋翼等，结构不同叫法也不同。

机架按材质一般可以分为以下几种类型：

（1）塑胶机架。主要特点是具有一定的刚度、强度和可弯曲度，价格比较低廉。

（2）玻璃纤维机架。主要特点是强度比较高，而且需要的材料很少，可以减轻整体机架的重量。

（3）碳纤维机架。其特点是价格要高一些，但重量要轻一些。

出于结构强度和重量考虑，一般采用碳纤维材质。碳纤维机架如图 2-79 所示。

图 2-79　碳纤维机架

机架的主要作用如下：

（1）提供安装接口。这些接口包括安装和固定电机、电调、飞控板的螺丝孔。

（2）提供整体的稳定和坚固的平台。飞行器飞行过程中需要一个稳定坚固的平台，这样可以使得电机转动过程中不会毁坏其他设备，并为传感器提供一个稳定的平台。

（3）起落架等缓冲设备。这些可以为飞行器提供安全的起飞和降落条件，避免损坏其他仪器。

（4）保证足够低的重量。这样就可以给其他设备提供更多的余量。

（5）提供相应的保护装置。保护装置用于保护飞行器本身和可能接触到的操作人员。

2. 起落架

多旋翼无人机唯一和地面接触的部位。作为整个机身在起飞和降落时候的缓冲，也是为了保护机载设备，要求强度高，结构牢固，和机身保持相当可靠的连接，能够承受一定的冲力。一般在起落架前后安装或者涂装上不同的颜色，用来在远距离多旋翼无人机飞行时能够区分多旋翼无人机的前后。

3. 电机

电机是多旋翼无人机的动力机构，提供升力、推力等。电机的转速快慢决定了飞行器可以承载的重量，同时，其转速改变的快慢可以影响飞行姿态的变换。无刷电机去除了电刷，最直接的变化就是没有了有刷电机运转时产生的电火花，这样就极大减少了电火花对遥控无线电设备的干扰。无刷电机没有了电刷，运转时摩擦力大大减小，运行顺畅，噪声会低许多，这个优点对于模型运行稳定性是一个巨大的支持。无刷电机如图 2-80 所示。

图 2-80　无刷电机

电机四个数字的含义：2212 电机、2018 电机等等，这表示电机的尺寸。不管什么牌子的电机，具体都要对应 4 位这类数字，其中前面 2 位是电机转子的直径，后面 2 位是电机转子的高度。注意，不是外壳。简单来说，前面 2 位越大，电机越肥，后面 2 位越大，电机越高。又高又大的电机，功率就更大，适合做大四轴。通常 2212 电机是最常见的配置了。

无刷电机 KV 值定义：转速/V，意思为输入电压增加 1V，无刷电机空转转速增加的转速值。例如：1 000 kV 电机，增加 1 V 电压，电机空转时每分钟转 1 000 转，增加 2 V 电压，电机空转就 2 000 转了。单从 kV 值，不可以评价电机的好坏，因为不同 kV 值有不同的适用不同尺寸的桨，绕线匝数多的，kV 值低，最高输出电流小，但扭力大，上大尺寸的桨；绕线匝数少的，kV 值高，最高输出电流大，但扭力小，上小尺寸的桨。

4. 电调

电子调速器，将飞控的控制信号转变为电流信号，用于控制电机转速。因为电机的电流是很大的，通常每个电机正常工作时，平均有 3A 左右的电流，如果没有电调的存在，飞控根本无法承受这样大的电流,而且飞控也没有驱动无刷电机的功能。同时电调在多旋翼无人机中也充当了电压变化器的作用,将 11.1V 电压变为 5V 电压给飞控供电。电子调速器如图2-81所示。

平时用的商品电调是通过接收机上的油门通道进行控制的,这个接收机出来的控制信号一般都是 20 ms 间隔的 PPM 脉宽控制信号,而四轴为了提高响应的速度,需要控制命令的间隔更短,比如说 5 ms,所以就需要特殊的电调而不能用普通的商品电调,但是为什么要使用 I^2C 总线跟电调联接呢,这个跟电路设计以及软件编写等有关,I^2C 总线在硬件连接上可以多个设备直接并联在总线上,它有相应的传输机制保证主机与各个从机之前顺畅沟通,这样连接就比较的方便,所以四个电调的控制线是并接在一起连到主控板上就可以了,这个也跟我们选用的芯片相关,很多单片机都有集成 I^2C 总线的,软件设计起来也得心应手。

5. 电池

电池是电动多旋翼无人机的供电装置,给电机和机载电子设备供电。最小是 1S 电池,常用的是 3S,4S,6S,1S 代表 3.7 V 电压。图2-82所示是锂电池。

图2-81 电子调速器　　　　图2-82 锂电池

6. 螺旋桨

螺旋桨如图2-83所示,安装在电机上,多旋翼无人机安装的都是不可变总距的螺旋桨,主要指标有螺距和尺寸。

桨的指标是 4 位数字,前面 2 位代表桨的直径(单位:in,1 in=254 mm)后面 2 位是桨的螺距。

正反桨:四轴飞行为了抵消螺旋桨的自旋,相邻的桨旋转方向是不一样的,所以需要正反桨。桨叶有字的一面向上,右边桨叶的迎风面(桨缘是平滑弧线的是迎风面)在后面的是正桨,右边桨叶的迎风面在前面的是反桨。螺旋桨生产厂家不同,用刻字来区分正桨和反桨的方式也不一样,有些是以 CCW 和 CW 来区分,有些是以 L 和 R 来区分,刻有 CCW 或 L 的为正桨。安装的时候,一定记得无论正反桨,有字的一面是向上的。

电机与螺旋桨的搭配:这是非常复杂的问题,建议采用大家常见的配置吧,原理可以阐述一下:螺旋桨越大,升力就越大,但对应需要更大的力量来驱动;螺旋桨转速越高,升力越大;电机的 kV 越小,转动力量就越大;

综上所述,大螺旋桨就需要用低 kV 电机,小螺旋桨就需要高 kV 电机(因为需要用转速来弥补升力不足)。如果高 kV 带大桨,力量不够,那么就很困难,实际还是低速运转,电机和电调很容易烧掉。如果低 kV 带小桨,完全没有问题,但升力不够,可能造成无法起飞。例如:常用 1 000 kV 电机,配 10 寸左右的桨。

7. 飞控系统

飞控系统是多旋翼无人机的核心设备,飞控系统的好坏从本质上决定了无人机的飞行性能。它包括陀螺仪、加速度计、电路控制板、各外设接口。NAZA 飞控系统如图 2-84 所示。

图 2-83　螺旋桨　　　　　　　　图 2-84　NAZA 飞控系统

(1)陀螺仪。理论上陀螺只测试旋转角速度,但实际上所有的陀螺都对加速度敏感,而重力加速度在我们地球上又是无处不在,并且实际应用中,很难保证陀螺不受冲击和振动产生的加速度的影响,所以在实际应用中陀螺对加速度的敏感程度就非常的重要,因为振动敏感度是最大的误差源。两轴陀螺仪能起到增稳作用,三轴陀螺仪能够自稳。

(2)加速度计。一般为三轴加速度计,测量三轴加速度和重力。

多旋翼无人机飞控系统完成的主要功能有:

(1)处理来自遥控器或自动控制的信号,这时飞控需要识别遥控器或自动控制的信号,完成要求的飞行姿态或其他指令。

(2)控制电调,此时飞控系统要做的就是给电调发送信号调节电机的转速,实现控制改变飞行姿态的功能。

(3)可以通过一些机载的测量元件,在没有任何控制的情况下,通过控制电调的输出信号保持多旋翼无人机的稳定。

8. 遥控装置

遥控装置包括遥控器和接收机,接收机装在机上。一般按照通道数将遥控器分成六通道、八通道、十四通道遥控器等,对于通道的概念在后边章节会有详细介绍。

9. GPS 模块

测量多旋翼无人机当前的经纬度、高度、航迹方向、地速等信息。一般在 GPS 模块中还会包含地磁罗盘(三轴磁力计):测量飞机当前的航向。

10. 任务设备

目前最多的就是云台,常用的有两轴云台和三轴云台;云台作为相机或摄像机的增稳设备,提供两个方向或三个方向的稳定控制。云台可以和控制电机集成在一个遥控器中,也可以单独的遥控器控制。

11. 数据链路

数据链路包括数传和图传。数传就是数字传输,数传终端和地面控制站(笔记本或手机等数据终端),接受来自飞控系统的数据信息。图传就是图像传输,接受机载相机或摄像机拍摄的图像,一般延迟在几十毫秒,目前也有高清数字图传,传输速率和清晰度都有很大提高。

2.3.2 多旋翼无人机布局

多旋翼按形状分为十字形、X 形、H 形、Y 形和上下布局等等。

1. 十字形布局(见图 2 - 85)

特点:十型多旋翼是最早出现的一种气动布局,因为其前后左右飞行的控制比较直观,只需改变少量电机转速就可实现,便于飞控算法的开发,但在航拍时飞机正前方螺旋桨会进入画面。

2. X 形布局(见图 2 - 86)

特点:X 形多旋翼是目前最常见的,尤其是小尺寸四旋翼,由于结构简单受到很多飞行器爱好者的喜爱。相比于十型多旋翼,前后左右动作时加减速的电机较多,控制比较迅速和有力。

图 2 - 85　十字形布局　　　　　　　　　图 2 - 86　X 形布局

3. H 形布局(见图 2 - 87)

特点:其特点在于比较易于设计成水平折叠结构,看起来比 X 型厚重,又拥有与 X 型相当的特点,结构简单,方便控制。

4. 上下布局(见图 2 - 88)

特点:上下分布多用于体积受到限制,但是对载重量又有较大需求的场合。使用三旋翼或四旋翼的尺寸可以做到六旋翼或八旋翼的载重量。

激光雷达

图 2 - 87　H 形布局　　　　　　　　　图 2 - 88　上下布局

5. 其他布局

其他布局如八轴十六旋翼,六轴十八旋翼(见图 2-89),四轴 16 旋翼等等。

四轴无人机是最常见的布局方案,也是所有多轴无人机中续航时间长、效率最高的方案。六轴及以上布局的多旋翼一般具飞行速度快、抗风性好的特点,同时有断桨保护功能使其安全性更高。总的来说单轴单桨的布局一般认为效率会比共轴双桨高。共轴双桨的布局在同等级别中会比单轴单桨布局机体尺寸小。共轴双桨的飞机一般比单轴单桨的飞机抗风性要强。

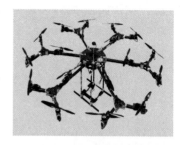

图 2-89　六轴十八旋翼

2.3.3　多旋翼无人飞行原理

多旋翼种类很多,而市场上多旋翼的主流产品是四旋翼,这里以常用的四轴飞行器来做介绍。四轴飞行器的控制原理就是,当没有外力并且重量分布平均时,四个螺旋桨以一样的转速转动,在螺旋桨向上的拉力大于整机的重量时,四轴就会向上升,在拉力与重量相等时,四轴就可以在空中悬停。在四轴的前方受到向下的外力时,前方马达加快转速,以抵消外力的影响从而保持水平,同样其他几个方向受到外力时四轴也是可以通过这种动作保持水平的,当需要控制四轴向前飞时,前方的马达减速,而后方的马达加速,这样,四轴就会向前倾斜,也相应地向前飞行,同样,需要向后、向左、向右飞行也是通过这样的控制就可以使四轴往想要控制的方向飞行了,当要控制四轴的机头方向向顺时针转动时,四轴同时加快左右马达的转速,并同时降低前后马达的转速,因为左右马达是逆时针转动的,而左右马达的转速是一样,所以左右是保持平衡的,而前后马达是顺时针转动的,但前后马达的转速也是一样的,所以前后左右都是可以保持平衡,飞行高度也是可以保持的,但是逆时针转动的力比顺时针就大,所以机身会向反方向转动,从而达到控制机头的方向。这也是为什么要使用两个反桨、两个正桨的原因。

旋翼越多,无人机越稳定:如果旋翼数量众多,那么阵风刮来的方向就有更大可能存在旋翼来对抗阵风。

陀螺仪对微小的转动非常敏感,所以它对飞行器飞行姿态的控制起着重要作用,飞机有一点点的偏转陀螺仪就能自动修正,简单地说陀螺仪就是帮助飞机保持稳定姿态的,所以有陀螺仪的飞机飞行稳定,但是四轴飞行器没有陀螺仪就不能飞了,因为四个螺旋桨的动力有一点点差别就会侧翻,三轴加速计是用来分析陀螺仪的信号,转了多少角度,分析此时飞行姿态,它能够记住飞机的姿态,当操纵杆回位后,飞机就自动恢复水平。

四旋翼无人机构造如图 2-90 所示,四轴飞行器其构造特点是在它的四个角上各装有一旋翼,由电机分别带动,叶片可以正转,也可以反转。为了保持飞行器的稳定飞行,在四轴飞行器上装有 3 个方向的陀螺仪和 3 轴加速度传感器组成惯性导航模块,它还通过电子调控器来保证其快速飞行。电机 1 和电机 3 逆时针旋转的同时,电机 2 和电机 4 顺时针旋转,因此当飞行器平衡飞行时,陀螺效应和空气动力扭矩效应均被抵消。

与电动直升机相比,四旋翼飞行器有下列优势:各个旋翼对机身所施加的反扭矩与旋翼的旋转方向相反,因此当电机 1 和电机 3 逆时针旋转的同时,电机 2 和电机 4 顺时针旋转,可以平衡旋翼对机身的反扭矩。四旋翼飞行器在空间共有 6 个自由度,这 6 个自由度的控制都可以通过调节不同电机的转速来实现。

基本运动状态:垂直运动、俯仰运动、滚转运动、偏航运动、前后运动、侧向运动。

1. 垂直运动

图 2-91 中,因有两对电机转向相反,可以平衡其对机身的反扭矩,当同时增加四个电机的输出功率,旋翼转速增加使得总的拉力增大,当总拉力足以克服整机的重量时,四旋翼飞行器便离地垂直上升;反之,同时减小四个电机的输出功率,四旋翼飞行器则垂直下降,直至平衡落地,实现了沿 z 轴的垂直运动。当外界扰动量为零时,在旋翼产生的升力等于飞行器的自重时,飞行器便保持悬停状态。保证四个旋翼转速同步增加或减小是垂直运动的关键。

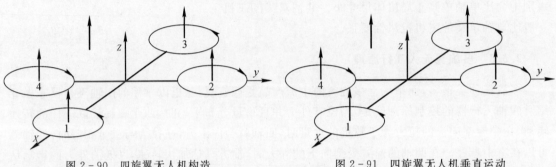

图 2-90 四旋翼无人机构造   图 2-91 四旋翼无人机垂直运动

2. 俯仰运动

图 2-92 中,电机 1 的转速上升,电机 3 的转速下降,电机 2、电机 4 的转速保持不变。为了不因为旋翼转速的改变引起四旋翼飞行器整体扭矩及总拉力改变,旋翼 1 与旋翼 3 转速改变量的大小应相等。由于旋翼 1 的升力上升,旋翼 3 的升力下降,产生的不平衡力矩使机身绕 y 轴旋转(方向如图所示),同理,当电机 1 的转速下降,电机 3 的转速上升,机身便绕 y 轴向另一个方向旋转,实现飞行器的俯仰运动。

3. 滚转运动

与图 3-92 的原理相同,在图 2-93 中,改变电机 2 和电机 4 的转速,保持电机 1 和电机 3 的转速不变,则可使机身绕 x 轴旋转(正向和反向),实现飞行器的滚转运动。

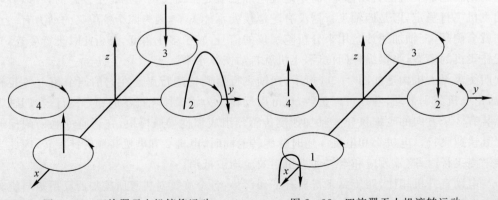

图 2-92 四旋翼无人机俯仰运动   图 2-93 四旋翼无人机滚转运动

4. 偏航运动

四旋翼飞行器偏航运动可以借助旋翼产生的反扭矩来实现。旋翼转动过程中由于空气阻力作用会形成与转动方向相反的反扭矩,为了克服反扭矩影响,可使四个旋翼中的两个正转,两个反转,且对角线上的各个旋翼转动方向相同。反扭矩的大小与旋翼转速有关,当四个电机转速相同时,四个旋翼产生的反扭矩相互平衡,四旋翼飞行器不发生转动;当四个电机转速不完全相同时,不平衡的反扭矩会引起四旋翼飞行器转动。在图 2-94 中,当电机 1 和电机 3 的转速上升,电机 2 和电机 4 的转速下降时,旋翼 1 和旋翼 3 对机身的反扭矩大于旋翼 2 和旋翼 4 对机身的反扭矩,机身便在富余反扭矩的作用下绕 z 轴转动,实现飞行器的偏航运动,转向与电机 1、电机 3 的转向相反。

5. 前后运动

要想实现飞行器在水平面内前后、左右的运动,必须在水平面内对飞行器施加一定的力。在图 3-52 中,增加电机 3 转速,使拉力增大,相应减小电机 1 转速,使拉力减小,同时保持其他两个电机转速不变,反扭矩仍然要保持平衡。按图 3-45 的理论,飞行器首先发生一定程度的倾斜,从而使旋翼拉力产生水平分量,因此可以实现飞行器的前飞运动。向后飞行与向前飞行正好相反。当然在图 2-91 和图 2-92 中,飞行器在产生俯仰、翻滚运动的同时也会产生沿 x、y 轴的水平运动。

6. 侧向运动

在图 2-95 中,由于结构对称,因而侧向飞行的工作原理与前后运动完全一样。

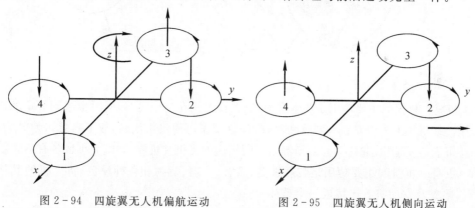

图 2-94　四旋翼无人机偏航运动　　　　图 2-95　四旋翼无人机侧向运动

2.4　固定翼无人机结构与飞行原理

2.4.1　固定翼无人机结构

1. 固定翼无人机的组成及各部分功用

到目前为止,除了少数特殊形式的飞机外,大多数飞机都由机翼、机身、尾翼、起落装置和动力装置五个主要部分组成,固定翼无人机结构组成如

图 2-96 所示。

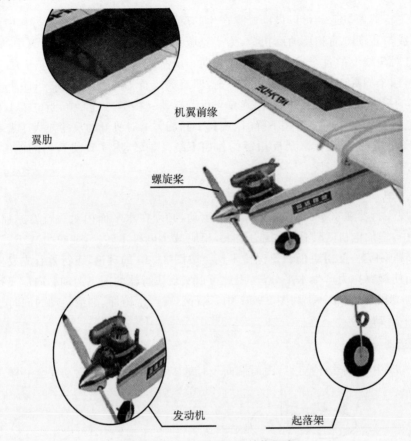

图 2-96　固定翼无人机结构组成

（1）机翼。机翼的主要功用是产生升力，以支持飞机在空中飞行，同时也起到一定的稳定和操作作用。在机翼上一般安装有副翼和襟翼，操纵副翼可使飞机滚转，放下襟翼可使升力增大。机翼上还可安装发动机、起落架和油箱等。不同用途的飞机其机翼形状、大小也各有不同。

（2）机身。机身的主要功用是装载乘员、旅客、武器、货物和各种设备，将飞机的其他部件如：机翼、尾翼及发动机等连接成一个整体。

（3）尾翼。尾翼包括水平尾翼和垂直尾翼。水平尾翼由固定的水平安定面和可动的升降舵组成，有的高速飞机将水平安定面和升降舵合为一体成为全动平尾。垂直尾翼包括固定的垂直安定面和可动的方向舵。尾翼的作用是操纵飞机俯仰和偏转，保证飞机能平稳飞行。

（4）起落装置。飞机的起落架大都由减震支柱和机轮组成，作用是起飞、着陆滑跑、地面滑行和停放时支撑飞机。

（5）动力装置。动力装置主要用来产生拉力和推力，使飞机前进。

飞机上除了这五个主要部分外，根据飞机操作和执行任务的需要，还装有各种仪表、通信设备、领航设备、安全设备等其他设备。

2. 固定翼无人机的构造特点及分类

（1）机翼的构造特点及分类。

1）机翼的主要承力构件。机翼结构是由翼梁、纵墙、桁条、翼肋和蒙皮等典型构件组成的,如图 2-97 所示。

其中翼梁、纵墙和桁条为机翼的纵向构件,翼肋为机翼的横向构件。纵、横构件组成骨架。蒙皮则包裹在骨架外面,形成机翼型面。

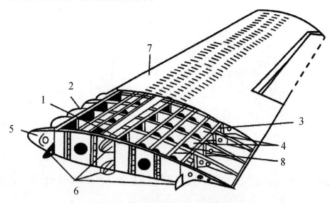

图 2-97　机翼的典型结构元件

1—翼梁;2—前纵墙;3—后纵墙;4—普通翼肋;5—加强翼肋;6—对接接头;7—蒙皮;8—桁条

① 翼梁。翼梁是机翼的主要构件,在各种形式的机翼结构中,翼梁的主要功用都是承受机翼的弯矩和剪力。翼梁主要有桁架式、腹板式和整体式三种。

Ⅰ. 桁架式翼梁。图 2-98 所示为桁架式翼梁。这种翼梁由上下缘条和缘条间的直支柱、斜支柱连接而成。缘条和支柱,有的采用钢管或硬铝管制成,有的则采用厚壁开口型材制成。翼梁承受剪力时,缘条之间的支柱承受拉力或压力。该式翼梁常用在翼型较厚的低速重型飞机的机翼上。

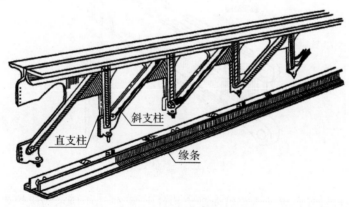

图 2-98　桁架式翼梁

Ⅱ. 腹板式翼梁。图 2-99 所示为腹板式翼梁。这种翼梁由缘条和腹板铆接而成。缘条用硬铝或合金钢的厚壁型材制成,截面形状多为 T 形或 L 形。腹板用硬铝板制成。薄壁腹板上往往还铆接了许多硬铝支柱,以增强其抗剪稳定性和连接翼肋。为了合理地利用材料和减轻机翼的结构重量,缘条和腹板的截面积一般都是沿翼展方向改变的,即翼根部分的截面积较大,翼尖部分的截面积较小。

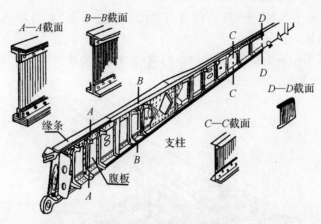

图 2-99　腹板式翼梁

腹板式翼梁的优点是能够较好地利用机翼的结构高度来减轻重量,而且生存力较强,制造也较方便。现代飞机的机翼一般都采用腹板式金属翼梁。

Ⅲ. 整体式翼梁。图 2-100 所示为整体式翼梁。整体式翼梁实际上是一种用高强度合金钢锻制成的腹板式翼梁。它的优点是刚度较大,截面尺寸可以更好地做得符合等强度要求。该式翼梁主要用于某些高速飞机的机翼。

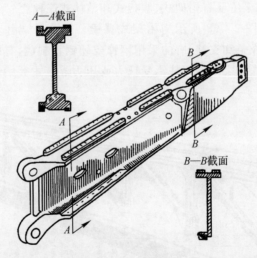

图 2-100　整体式翼梁

② 纵墙。纵墙也是机翼的主要纵向受力构件。图 2-101 所示为纵墙最常采用的结构形式和截面形状。从构造上看,纵墙与翼梁相似,但纵墙的缘条比梁缘条弱得多。通常,纵墙腹板上不开减轻孔。为了提高失稳临界应力,腹板用型材支柱加强。墙和腹板一般都不能承受弯矩,但它与蒙皮组成封闭的盒段可以承受扭矩。后墙则还有封闭机翼内部容积的作用,纵墙与机身的连接为铰接连接。

③ 桁条。桁条为长条形薄壁构件,因此又称为长桁。桁条与蒙皮和翼肋相连,其主要功用是:支持蒙皮,防止它在承受局部空气动力时产生过大的局部变形,并与蒙皮一起把空气动力传给翼肋;提高蒙皮的抗剪和抗压稳定性,使它能更好地承受机翼的扭矩和弯矩;与蒙皮一

起承受由弯矩引起的轴向力。

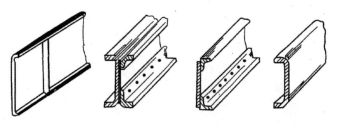

图 2 - 101　纵墙结构方案

按制造方法分,桁条可分为板弯型材和挤压型材,其剖面形状分别如图 2 - 102 (a)和 2 - 102 (b)所示。板弯型材桁条一般用于梁式机翼。挤压型材桁条多用于单块式机翼。

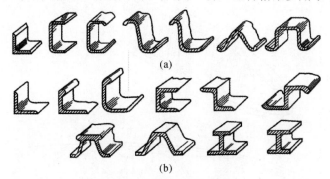

(a)

(b)

图 2 - 102　桁条型材的剖面形状

(a) 板弯型材；　(b) 挤压型材

④ 翼肋。翼肋是组成机翼骨架的横向构件,沿弦向布置。翼肋按其构造型式可分为腹板式和构架式两种,按其功能分为普通翼肋和加强翼肋,如图 2 - 103 所示。为便于和翼梁腹板连接,翼肋常被分为前、中、后三段。

普通翼肋的功能是:维持机翼的翼型;支持蒙皮、桁条和梁腹板,提高它们的稳定性;把蒙皮和桁条传给它的局部空气动力传给梁腹板,而把局部空气动力形成的扭矩,通过铆钉以剪流的形式传给蒙皮和梁腹板。

加强翼肋除具有上述作用外,还要承受和传递较大的集中载荷。在开口端部或翼根部的加强翼肋,其主要功能是把机翼盒段上由一圈闭合剪流构成的扭矩转换成一对垂直力构成的力偶分别传给翼梁或机身加强框。

普通翼肋较多采用腹板式。为了减轻重量以及为其他构件(如传动钢索)提供通道,梁腹板上一般开有减轻孔;为了提高稳定性和刚度,孔边带有弯边;在梁腹板上还常压有一些凹槽作为加强筋,它的作用类似于弱支柱,可起到增加梁腹板稳定性和刚度的作用。

为了承受较大的集中载荷,加强翼肋的腹板较厚,有时还采用双层腹板,或者在腹板上用支柱加强。

⑤ 蒙皮。机翼蒙皮的材料分为布质蒙皮和金属蒙皮。布质蒙皮机翼仅在老式飞机和小型飞机上采用。金属蒙皮广泛用于现代民航飞机的机翼上。为此,以下只介绍金属蒙皮机翼。

按金属蒙皮的构造,蒙皮可分为单层蒙皮和夹层蒙皮。单层蒙皮一般都由包铝板制成,其厚度有从零点几毫米到十几毫米不等的规格尺寸。夹层蒙皮通常由铝合金面板与铝蜂窝芯板胶接而成。

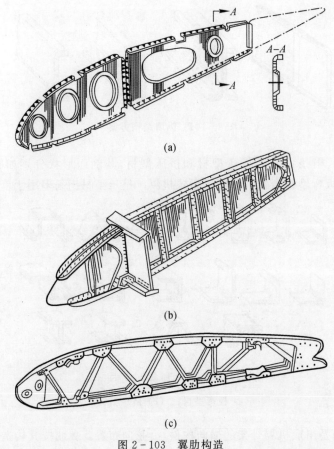

(a)

(b)

(c)

图 2-103　翼肋构造

（a）腹板式普通翼肋；　（b）腹板式加强翼肋；　（c）桁架式加强翼肋

另外，蒙皮和桁条组合构成机翼壁板。机翼壁板分组合式和整体式壁板两种。组合式壁板是由较厚的蒙皮与桁条铆接形成的。整体壁板是将蒙皮和加强筋（桁条、肋缘条等）合为一体，由同样的材料整体加工而成的，如图 2-104 所示。

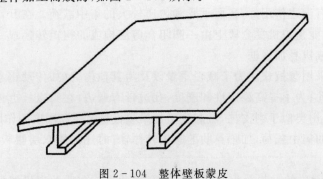

图 2-104　整体壁板蒙皮

2）机翼结构形式。任何一种飞机机翼的结构和形状都取决于飞机的尺寸、重量、用途、在飞行和着陆中所要求的速度以及爬升率等各种因素。为此,机翼有多种结构形式。根据蒙皮、桁条和翼梁缘条参与承受弯矩的能力,可把机翼分为梁式机翼和整体式机翼。

① 梁式机翼。如果弯矩主要由翼梁缘条承受,这种机翼称为梁式机翼。梁式机翼中,桁条较弱,蒙皮较薄。剪力由翼梁腹板承受,扭矩由蒙皮与前、后梁或纵墙腹板形成的盒形结构承受。作用在外翼剖面上的剪力和扭矩在机翼根部传给机身加强框。

梁式机翼结构特点是有一根或者数根很强的翼梁,蒙皮很薄,长桁的数量少,而且较弱。根据翼梁的多少,梁式机翼又可以分为单梁式和双梁式两种。

在单梁式机翼中,翼梁(又称为主梁)装在翼型最大厚度处,如图 2 - 105(a)所示。为了使机翼结构能较好地承受扭矩和水平方向的弯矩,并便于在机翼上固定副翼和襟翼,它还装有一根或两根纵墙,纵墙又称为辅助翼梁。纵墙的强度很弱,在机翼结构中承受的弯矩很小。单梁式机翼的最大优点是翼梁充分利用了机翼的结构高度(即缘条的截面重心离中性轴较远),因而结构重量较轻。但是,由于受到主梁位置的影响,机翼内部容积不容易得到较好的利用。

在双梁式机翼中,有前、后两根梁,前梁一般布置在 20％～30％ 弦长处,后梁则位于60％～70％ 弦长处,如图 2 - 105(b)所示。通常,前梁的横截面面积、截面高度和惯性矩比后梁大。这种机翼结构的内部容积,能够较方便地用来放置起落架和油箱等。但它的翼梁没有充分利用机翼的结构高度,因此在同样的载荷、尺寸和材料等条件下,它的结构要比单梁式重。

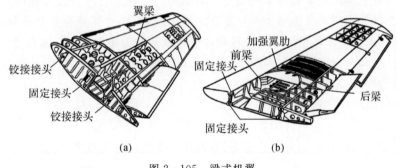

图 2 - 105　梁式机翼

(a) 单梁式机翼；　(b) 双梁式机翼

梁式机翼的承力特点是机翼总体弯矩主要由翼梁来承担。蒙皮参加承受扭矩。桁条的作用是与蒙皮一起承受局部气动载荷并提高蒙皮抗剪稳定性,使之能更好地承受扭矩。

优点:机翼上便于开口,机翼与机身连接简单。

缺点:生存力较差,蒙皮薄,在速度进一步提高的情况下,不能保证局部刚度和机翼扭转刚度。

② 整体式机翼。整体式机翼又可细分为单块式机翼和多腹板式机翼。如果腹板较少,且腹板缘条承受弯矩的能力较弱,这样的整体式机翼称为单块式机翼。在单块式机翼中,可以用纵墙代替翼梁,它只承受剪力;扭矩由后墙和蒙皮形成的盒形结构来承受;剪力和扭矩传给中央翼与机身加强框的连接接头;来自两侧外翼的弯矩在中央翼上自身平衡。多腹板式机翼有较多的纵向梁和墙,其缘条较强,弯矩由缘条和蒙皮共同承受,此种机翼常被超高速飞机采用,在此不加详细介绍。

单块式机翼构造如图 2 - 106 所示,其结构特点是:翼梁缘条的强度不很高,蒙皮较厚,桁条多而且较强。蒙皮和桁条组成了机翼上、下很强的壁板,一起承担总体弯矩。

单块式机翼的优点是蒙皮厚，局部刚度和扭转刚度较大，受力构件分散，生存力较强，适用于高速飞机。其缺点是机翼上不便于开口，机翼和机身连接接头比较复杂。

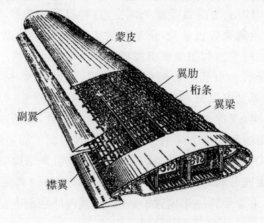

图 2-106　单块式机翼

③ 复合结构机翼。为了充分利用梁式机翼和单块式机翼的优点，尽量避免它们的缺点，目前，许多飞机的机翼采用梁式和单块式复合的结构。即在靠近翼根而要开舱口的部分采用梁式结构，其余部分采用单块式结构。在复合式结构内，单块式部分的受力是分散的，梁式部分的受力是集中的。为了把单块式部分各构件分散承受的力集中起来传递到梁式部分的翼梁上去，在单块式结构过渡到梁式结构的部位，通常都装有一些加强构件（例如加强内蒙皮等），把两部分的受力构件很好地连接起来。

（2）机身构造特点及分类。

机身的受力构件也包括内部的骨架、外部的蒙皮，以及连接接头。

机身的骨架有沿机体纵轴方向的桁梁、桁条和沿横轴方向的隔框（见图 2-107）。

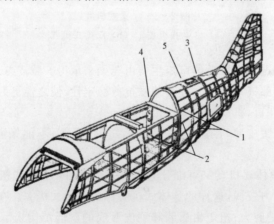

图 2-107　桁梁式机身

1—桁梁；　2—桁条；　3—蒙皮；　4—加强隔框；　5—普通隔框

1)桁条与桁梁。桁条的形状、作用与机翼的桁条相似。桁梁的形状与桁条相似，但剖面尺寸要大些，其作用与翼梁相似。不同剖面的桁梁如图 3-108 所示。

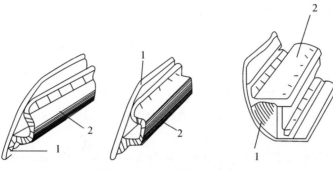

图 2 - 108　不同剖面的桁梁

1—机身蒙皮；　2—桁梁

2)隔框。沿机头到机尾分布,数量很多,主要作用是形成并保持机身的横剖面形状,同时它与桁条、桁梁、蒙皮等连接在一起参加整体受力。隔框的外形和剖面形状很多(见图 2 - 109 至图 2 - 113),隔框又分普通隔框和加强隔框。加强隔框须承受如机翼、尾翼、起落架、发动机通过接头传递而来的集中力,故材料和结构都较普通隔框强。

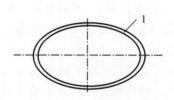

图 2 - 109　普通隔框

1—通过桁条的开口

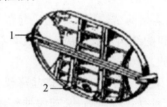

图 2 - 110　壁板式加强隔框

1—机翼接头；　2—下部接头

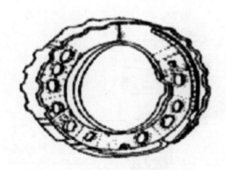

图 2 - 111　环式加强壁框

图 2 - 112　整体式加强隔框

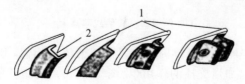

图 2 - 113　隔框的不同剖面

1—机身蒙皮；　2—隔框型材

3)蒙皮。机身蒙皮与机翼蒙皮的作用和构造相同。如按桁梁、桁条、蒙皮、隔框的不同组合,可以形成机身的不同构造形式。如果蒙皮较厚,则桁梁、桁条、隔框可以较弱,数目也可以较少,甚至无桁条;如果蒙皮较薄,则上述骨架也应该较强、较多。

(3)起落架构造特点及分类。

1)起落架的组成。陆上飞机的起落架一般由受力支柱、减震器、机轮(含刹车装置)几部分组成。受力支柱、减震器、机轮等部件按不同的组合方式,可以构成不同的起落架形式。

① 减震器。减震器作用是吸收着陆和滑跑时的冲击能量,减少冲击载荷。减小载荷有利于减轻结构重量,改善乘坐品质。

② 支柱。支柱是用来承受地面各个方向的载荷并作为安装机轮的支撑部件。为了充分利用构件,减轻重量,减震器和支柱可以合二为一。

③ 机轮。机轮用于满足地面运动,并有一定的减震作用。刹车装置安装在机轮上,以减小着陆滑跑距离,同时利用左右机轮不同的刹车力可以使飞机在地面转弯,提高地面机动性。

④ 收放机构。收放机构用于起落架的收起和放下。飞行时收起起落架以减小阻力,着陆前放下起落架,收放机构同时用于固定支柱,使支柱与机体成为一个整体受力的构件,而不是一个可以运动的机构。

2)起落架的结构形式。飞机起落架的结构形式,可分为构架式、支柱套筒式和摇臂式三类。起落架的结构形式取决于飞机类型、尺寸等因素,起落架结构形式主要影响结构受力和起落架的收放。

① 构架式起落架。构架式起落架如图 2-114 所示,这种起落架的受力支柱与减震器合为一体,既承受飞机重力,又起缓冲作用,所以称为减震支柱。减震支柱的上端与机身的加强隔框或机翼加强翼肋通过连接接头相连,下端则安装滚动式机轮(主轮带刹车装置)。

这种起落架没有收放机构,所以又叫固定式起落架。为了加强减震支柱受力的能力,常装有加强支柱。它具有构造简单、重量轻的优点,但飞行时会产生阻力。这种形式只用于小型、低速飞机。

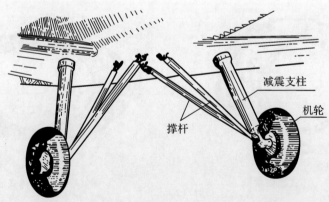

图 2-114　构架式起落架

② 支柱式起落架。这种起落架与构架式起落架的组成相似,但有收放系统,属于收放式起落架,其收放作动筒也起加强支柱的作用(见图 2-115),防扭臂的作用是防止减震支柱的内、外筒相对转动而影响机轮直线滑跑。

支柱式起落架体积小,易于收放;其缺点是只能在减震支柱受轴向力时很好的起缓冲作用。而当其受水平撞击时减震.支柱将受弯矩,不能使减震支柱受轴向压缩,这就使缓冲作用减小,也会使内外筒之间产生很大的局部摩擦而磨损密封装置。

③ 摇臂式起落架。这种起落架的减震器与受力支柱分开,机轮则通过摇臂与受力支柱和减震器相连,故称为摇臂式起落架。摇臂式起落架解决了起落架的水平载荷传递问题,这种起落架的机轮通过一个摇臂(轮臂或轮叉)悬挂在承力支柱和减震器下面。根据减震器配置的不同,它可以分为以下三种形式:

Ⅰ. 减震器与承力支柱分开的摇臂式起落架[见图 2 - 116(a)],多用做主起落架;

Ⅱ. 减震器与承力支柱合成一体的摇臂式起落架[见图 2 - 116(b)],一般用作前三点飞机的前起落;

Ⅲ. 没有承力支柱,减震器和摇臂直接固定在飞机承力构件上的摇臂式起落架[见图 2 - 116(c)],一般用作后三点飞机的尾轮支撑机构。

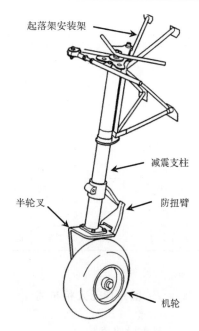

图 2 - 115　支柱式起落架

这种起落架的机轮无论受正面撞击,还是垂直向上的力,均通过摇臂压缩减震器,因而保证了减震器不受弯矩,也提高了缓冲效能。摇臂式起落架的缺点是构造复杂且重量大、连接点多且受力大,不宜用在重型飞机上。

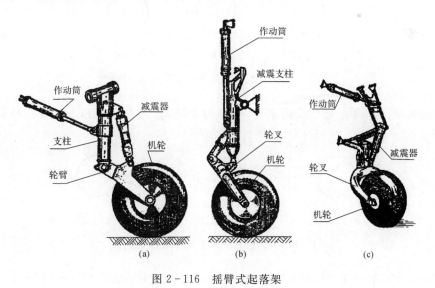

图 2 - 116　摇臂式起落架

3. 无人机性能对比

多旋翼无人机、无人直升机、固定翼无人机等不同结构的无人机性能见表 2 - 3。

表 2-3 不同结构的无人机性能对比

性能（同质量）	多旋翼无人机	无人直升机	纵列式双旋翼无人直升机	固定翼无人机
续航（同等电、能）	10～15 min	1 h	1.5 h	1.5 h
承载性	35 kg	100 kg	20 kg	5 kg
抗风性	5 级	6 级	6～7 级	5 级
起降要求	高	一般	一般	高
体积	小	大	更大	更大
安全性	一般	高	更高	高
悬停	稳	稳	稳	不可悬停
飞行余度	低（机械余度低）	低（尾桨安全性低）	高	高

2.4.2 固定翼无人机布局

1. 飞机布局的类型

固定翼飞机的布局是指飞机主要部件的数量以及它们之间的相互安排配置情况。固定翼飞机为了达到不同的性能要求，往往采用不同的布局形式，如图 2-117 至图 2-120 所示是固定翼飞机的主要布局类型。如果按机翼和机身连接的相对位置来分，可分为上单翼、中单翼和下单翼，如图 2-117 所示。

上单翼　　　　　　中单翼　　　　　　下单翼

图 2-117 按机翼和机身连接的相对位置分

如果按机翼弦平面有无上反角来分，可分为上反翼、无上反翼和下反翼三种类型，如图 2-118所示。

上反翼　　　　　无上反翼　　　　　下反翼

图 2-118 按机翼弦平面有无上反角分

如果按立尾的数量来分，可分为单立尾、双立尾和无立尾，如图 2-119 所示。

通常所说的气动布局一股是指平尾相对于机翼在纵向位置上的安排，即飞机的纵向气动布局形式；一般有正常式、"鸭"式和无平尾式，如图 2-120 所示。

不同的布局形式，将对飞机的飞行性能、稳定性和操纵性有重大影响。

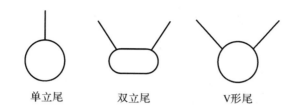

单立尾　　　双立尾　　　V形尾

图 2-119　按立尾的数量分

正常式　　　　　　"鸭"式　　　　　无平尾式

图 2-120　按纵向气动布局分

2.尾翼的布局

（1）单立尾布局。单立尾布局是最为常见的一种尾翼布局形式。单立尾翼主要包括垂尾安定面、方向舵、平尾安定面和升降舵。

根据立尾相对于平尾的位置,尾翼又可以分为常规型尾翼、T形尾翼、十字形尾翼。

1)常规型尾翼:这种布局形式的尾翼,平尾在垂尾的下面,通常能够以最轻的结构重量,提供足够的稳定性和操纵性,这种布局形式在飞机上应用最为广泛,如图 2-121(a)所示。

2)T形尾翼:这种布局形式的尾翼,平尾位于垂尾顶部,垂尾结构往往需要加强,因此要付出一定的重量代价,如图 2-121(b)所示。

3)十字形尾翼:这是一款介于常规式尾翼布局和T形尾翼的一款尾翼,相对于常规布局尾翼飞机,其平尾避开了机翼以及螺旋桨对后方气流的影响,减少振颤。相对于T型尾翼则不需要过大的结构强度去满足稳定性,在飞机失速时也可以减弱机翼后方的扰流导致的平尾失效。

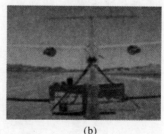

(a)　　　　　　　　　　　(b)

图 2-121　单立尾布局

(a)常规型尾翼；　(b)T形尾翼

（2）双立尾布局。双立尾布局通常包括常规双立尾布局、双尾撑双立尾布局和 H 形尾翼布局。常规双立尾布局是指在机身上装有两个立尾的布局形式,以增加航向安定性,如图 2 - 122(a)所示。双尾撑双立尾布局是指在向后延伸的两个尾撑上安装两个立尾的布局形式,如图 2 - 122(b)所示。H 形尾翼布局通常在大型运输机中使用,是一种在平尾两端安装两个立尾的布局形式,从前后看平尾和立尾构成一个 H 字样,故称为 H 形尾翼,如图 2 - 122(c)所示。

 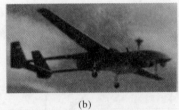 
(a) (b) (c)

图 2 - 122 双立尾布局
(a)常规双立尾; (b)双尾撑双立尾; (c)H 型尾翼

(3)V 形尾翼布局。V 形尾翼具有较好的隐身性能和较小的干扰阻力,在隐身飞机和无人机中广泛采用。通常可分为正 V 形尾翼[两片尾翼向上张开,如图 2 - 123(a)所示]和倒 V 形尾翼[两片尾翼向下张开,如图 2 - 123(b)所示]。此外,还有一些特殊布局形式的尾翼,如 Y 形尾翼[如图 2 - 123(c)所示]和环型尾翼等。

(a) (b) (c)

图 2 - 123 V 形尾翼布局无人机
(a)正 V 形尾翼; (b)倒 V 形尾翼; (c)Y 形尾翼

(4)三角翼布局。三角翼无人机是翼身融合为三角翼布局的无人机,如图 2 - 124 所示。它的机翼前缘后掠,后缘基本平直,俯视平面形状为三角形。这类无人机体积小,重量轻,机翼结构强度大、抗风能力强,水平机动性能好,而且后掠角大,阻力小。

图 2 - 124 三角翼布局无人机

3. 纵向气动布局

根据机翼及平尾的有无及前后位置,通常可以将固定翼飞机分成以下四种气动布局:常规气动布局、无尾气动布局、鸭式气动布局、三翼面气动布局。

(1)常规气动布局。常规气动布局的特点是:升力的机翼在前,而起俯仰配平作用和俯仰操纵作用的水平尾翼在后。这种气动布局是迄今为止使用最多的一种布局形式,由于技术非常成熟,纵向稳定性好,在各种类型的飞机上广泛采用,如图 2-125(a)所示。

(2)无尾气动布局。无尾气动布局的特点是:只有产生升力的机翼,既没有平尾也没有鸭翼,甚至没有垂尾。这种气动布局的优点是阻力小、隐身性能好;但缺点是稳定性不好,不适合布置增升装置。目前,无尾气动布局形式广泛应用于现代隐身飞机,如图 2-125(b)所示。

(3)鸭式气动布局。这是一种十分适合于超音速空战的气动布局,前翼和机翼可以同时产生升力,而不像水平尾翼那样,平衡俯仰力矩多数情况下度会产生负升力,如图 2-125(c)所示。

(4)三翼面气动布局。这是在正常式布局的基础上增加一个水平前翼而构成(即前翼＋机翼＋平尾),因此,它综合了正常式气动布局和鸭式气动布局的优点,经过仔细设计,有可能得到更好的气动特性,特别是操纵和配平特性,如图 2-125(d)所示。

(a)　　　　　　　　　　　(b)

(c)　　　　　　　　　　　(d)

图 2-125　纵向气动布局

(a)常规气动布局；　(b)无尾气动布局；　(c)鸭式气动布局；　(d)三翼面气动布局

4. 起落架的布局

根据主轮相对重心的位置不同起落架有三种布局形式:前三点式、后三点式和自行车式。起落架在飞机上的布局一般为三点式。

(1)前三点式起落架布局。在飞机重心后并排安置两个主轮,在飞机前部有一个主轮,如图 2-126(a)所示。前三点式起落架的三个起落架长度相近,因而地面停放时,飞机基本呈水平状态。这种布局的两个主起落架位于重心之后不远处,分布飞机对称面两侧安装在机身或机翼上,而前起落架则安装在远离重心的机头下。涡轮发动机飞机、大中型活塞式飞机常用这种起落架布局。

(2)后三点式起落架布局。在飞机重心前并排置两个主轮,在飞机尾部有一个较小的尾轮,如图 2-126(b)所示。起落架的两个主起落架位于飞机重心之前不远处,左右对称地装在机翼或机身上;尾起落架较主起落架短小,安装在远离重心的机身尾部,因而在地面停放时机头抬得较高。后三点式布局多用于小型活塞式飞机。

(3)自行车式起落架布局。两个主轮分别布置在机身下重心前后,为防止地面停放时倾倒,另有两个辅助小轮对称安装在机翼下面,如图 2-126(c)所示。高速薄机翼的内部空间小,不能容纳收起的起落架,可以采用自行车式起落架布局。这种布局只有两个等长度的起落架,分别安装在重心前后等距离的机身上。收起于机身内。由于自行车式起落架只有两个支点,所以在地面停放时会向一侧倾斜,为了防止倾斜,在左右机翼上装有带轮的辅助支柱,起飞后辅助支柱收入机翼之内。

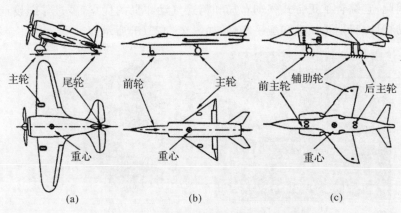

图 2-126　固定翼无人机起落架的布局形式
(a)后三点式；　(b)前三点式；　(c)自行车式

2.4.3　固定翼无人机飞行原理

固定翼无人机能在天空中飞行的最基本的条件是,当它在空中飞行时必须产生一种能克服飞机自身所受重力并将它托举在空中的力,这个力就是升力。升力主要靠机翼来产生,主要用来克服飞机自身所受的重力,升力的特性直接决定了飞机的性能。固定翼无人机在飞行过程中还会产生阻力,而阻力要靠发动机产生的推力来平衡,这样才能保证飞机在空中持续飞行。

1. 机翼升力的产生和增升装置

(1) 机翼升力的产生。固定翼飞机和直升机都是靠空气动力飞行的,它们的原理其实很相似。机翼上产生的升力大小和机翼的剖面形状有很大关系,机翼的剖面形状也叫翼型,是指用沿平行于飞机对称平面的切平面切割机翼所得到的剖面,如图 2-127 的阴影部分所示。翼型最前端的一点叫"前缘",最后端的一点叫"后缘",前缘和后缘之间的连线叫"翼弦"。

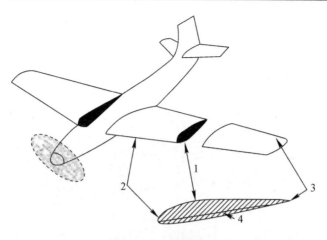

图 2-127　机翼翼型

1—翼型；　2—前缘；　3—后缘；　4—翼弦

　　如果要想在翼型上产生空气动力,必须让它与空气有相对运动,或者说必须要有具有一定速度的气流流过翼型。现在将一个上表面鼓凸,下表面较平坦翼型放在流速为 v 的气流中,如图 2-128 所示。假设翼型有一个不大的迎角 α(所谓"迎角"是翼弦与相对气流速度 v 之间的夹角),当气流流到翼型的前缘时,气流分成上下两股分别流经翼型的上下翼面。由于翼型的作用,当气流流过上翼面时流动通道变窄,气流速度增大,压强降低,并低于前方气流的大气压,而气流流过下翼面时,由于翼型前端上仰,气流受到阻拦,且流动通道扩大,气流速度减小,压强增大,并高于前方气流的大气压。因此,在上下翼面之间就形成了一个压强差,从而产生了一个垂直向上的升力 Y。

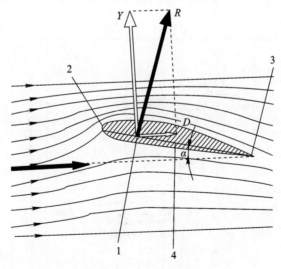

图 2-128　升力的产生

1—空气动力作用点；　2—前缘；　3—后缘；　4—翼弦

　　气流流过翼型时,除了会产生向上的升力外,还会产生一个向后阻力 D,阻力的方向与飞机飞行速度方向相反,升力与阻力的合力即为总的空气动力 R,R 的方向是指向后上方的,失速现象如图 2-129 所示。

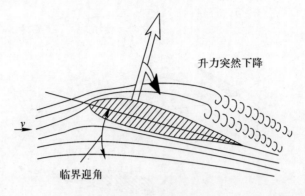

图 2-129　失速现象

　　机翼上产生升力的大小与翼型的形状和迎角有很大关系,迎角不同产生的升力也不同。由于对称翼型迎角为零时流过翼型上下表面的气流完全对称,因此翼型上产生的升力为零,而气流流过不对称翼型时,即使迎角为零仍可产生一定的升力。

　　一般来说,随着迎角的增大,升力也会随之增大,但当迎角增大到一定程度时,气流就会从机翼前缘开始分离,尾部会出现很大的涡流区,这时,升力会突然下降,而阻力却迅速增大,这种现象称为"失速",如图 2-129 所示。失速刚刚出现时的迎角叫"临界迎角"。飞机不应以接近或大于临界迎角的状态飞行,此时,会使飞机产生失速,甚至造成飞行事故。

　　如图 2-130 所示为飞机升力系数随迎角的变化曲线,飞机以小于临界迎角的状态飞行时,升力系数随迎角的增加几乎呈直线增长的趋势,但迎角大于临界迎角之后,升力系数则迅速下降,产生失速。在这种迎角下,飞机不再飞行,而是在下坠。

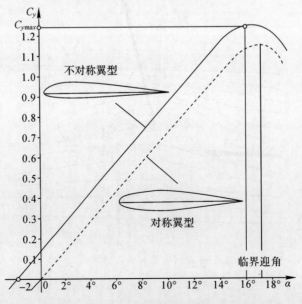

图 2-130　升力系数随迎角的变化

　　固定翼无人机在一定高度水平飞行时,迎角和速度有着密切的关系:速度低时,需要让飞机上仰保持飞行高度,否则飞机将下坠;速度高时,需要推飞机操作杆,否则飞机将上升;因此,飞机处于临界攻角时,必然导致飞行速度降到最低。

固定翼无人机的飞行速度等于失速速度时会直线下坠,如无人机的飞行速度低于失速速度就更不能维持飞行状态了。因此,必须把飞行速度提高到高于失速速度,才能保证正常飞行,而且要保证这种速度直到降落。接触地面时,飞行速度从 v(高于失速速度)降到 0。

固定翼无人机对湍流非常敏感,而湍流往往出现在靠近地面的地方。着陆时固定翼无人机最容易损坏的时候,因为低速会影响操作指令的执行结果。无人机应该保证一个最大上升角度,超过这一角度,无人机的速度和升力会骤降;同时,应保证一个最大下降角度,超过这一角度,无人机的速度会猛增。

(2)影响固定翼飞机升力的因素。在设计固定翼飞机时,应尽量使飞机的升力大而阻力小,这样才能获得比较好的飞行性能。那么怎样才能提高飞机的升力呢?要解决这个问题,首先得了解影响升力的因素有哪些。通过理论和实验证明,机翼升力的公式可以写表示为

$$Y = \frac{1}{2}\rho v^2 S C_y$$

式中,Y 为升力,N;ρ 为空气密度,kg/m³;v 为气流相对速度 m/s;S 为机翼面积,m²;C_y 为升力系数(根据试验方法得到,不同的表面情况、不同的翼型在不同的迎角情况下有着不同的升力系数)。

从式中可以看到,升力的大小与空气的密度、机翼面积、升力系数成正比,与速度的平方成正比。如下简要分析一下各影响因素:

1)空气密度的影响。升力的大小和空气密度 ρ 成正比,密度越大,则升力也越大,当空气很稀薄时,机翼上产生的升力也就很小了。

2)机翼面积的影响。飞机的升力主要由机翼产生,而机翼的升力又是由于机翼上下翼面的压强差产生的,因此,如果压强差所作用的机翼面积越大,则产生的升力也就越大。机翼所产生的升力与机翼面积成正比,应当注意,在计算机翼面积时,要包括与机翼相连接的机身部分的面积。

3)相对速度的影响。相对速度是指空气和飞机的相对速度。相对速度越大,产生的空气动力也就越大,机翼上产生的升力也就越大。但升力与相对速度并不是成简单的正比关系,而是与相对速度的平方成正比。

4)机翼剖面形状和迎角的影响。机翼的剖面形状和迎角不同,则产生的升力也不同。因为不同的剖面和不同的迎角,会使机翼周围的气流流动状态(包括流速和压强)等发生变化,因而导致升力的改变。早期的飞机,由于人们没有体会到翼型的作用,因而曾采用平板和弯板翼型,后来,随着理论研究和实践研究的不断深入,人们已经认识到翼型的重要性和它对升力所起的作用,因此,创造了很多适合于各种不同需要的翼型,并通过实验确定出各种不同翼型的空气动力特性。

翼型和迎角对升力的影响,可以通过升力系数 C_y 表现出来。升力系数的变化反映着在一定的翼型的情况下,升力随迎角的变化情况如图 2-130 所示,同时也说明不同的翼型有不同的升力特性。

(3)增升装置。设计飞机时,主要以飞机高速飞行或巡航飞行时的性能作为它的设计状态。飞机高速飞行或巡航飞行时,即使迎角很小,由于速度较大,因此仍能保证有足够的升力

来维持飞机的水平飞行。但在低速飞行时,尤其是在起飞或着陆时,由于速度较低,即使有较大的迎角,升力仍然较小,使飞机不能正常飞行。况且,迎角的增大是有限度的,超过临界迎角以后就会产生失速现象,给飞行造成危险。因此,需要采用"增升装置",使飞机在尽可能小的速度下产生足够的升力,提高飞机的起飞和着陆性能。

飞机的增升装置常安装在机翼的前缘和后缘部位,安装在机翼前缘的增升装置叫作"前缘襟翼",如图 2-131 所示。

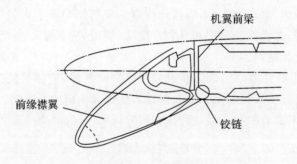

图 2-131 前缘襟翼

前缘襟翼用在相对厚度小、前缘薄、难以布置增升机构的飞机机翼上。前缘襟翼提供的增量比前缘缝翼提供的要小。

前缘襟翼构造简单,通过安装在机翼前大梁或前墙的下缘条上的铰链于机翼结构连接,如图 2-131 所示。当前缘襟翼相对于其轴转动时,其上缘沿固定在机翼上的专用型材滑动,防止形成缝隙。

安装在机翼后缘的增升装置叫作"后缘襟翼",后缘襟翼是应用最为广泛的增升装置。如图 2-132 所示是三种典型的后缘襟翼。

如图 2-132(a)所示是一种最简单的襟翼,它是靠增大翼型弯度来增大升力的。当襟翼放下时,翼剖面变得更弯,因此增大了上翼面的气流速度,提高了升力,但同时阻力也随之增大,而且比升力增大的还要多,故而增升效果不佳。

如图 2-132(b)所示为富勒式襟翼,是一种后退开缝式襟翼,当襟翼打开时,其襟翼向后退的同时,它的前缘又和机翼后缘之间形成一条缝隙襟翼具有三重增升效果:一是增加了机翼弯度;二是增大了机翼面积;三是由于开缝的作用,下翼面的高压气流以高速流向上翼面,使上翼面附面层中的气流速度增大,延缓了气流分离,起到了增升作用。后退开缝式襟翼的增升效果很好,在现代高速飞机和重型运输机上得到了广泛的应用。

如图 2-132(c)所示的双缝式襟翼是现代民用客机上广泛采用的增升装置。襟翼打开时,两个子翼一边向后偏转,一边向后延伸,同时两个子翼还形成两道缝隙,它同样具有后退开缝式襟翼的三重增升效果。除此之外,如图 2-132(c)所示的机翼还采用了前缘缝翼增升装置,打开前缘襟翼后,下翼面的高压气流吹动主翼面上的附面层,防止气流产生分离。因此,实际上此双缝式襟翼共有四重增升效果,增升效果甚佳。

虽然增升装置的类型很多,但其增升原理不外乎以下几种方式:改变机翼剖面形状,增大机翼弯度;增大机翼面积;改变气流的流动状态,控制机翼上的附面层,延缓气流分离。

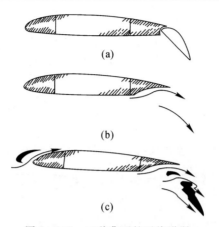

图 2 - 132　三种典型的后缘襟翼

（a）简单式襟翼；　（b）富勒式襟翼；　（c）双缝式襟翼

2. 固定翼飞机阻力的产生及减阻措施

固定翼飞机飞行时，不但机翼上会产生阻力，飞机的其他部件如机身、尾翼、起落架等都会产生阻力，机翼阻力只是飞机总阻力的一部分。

阻力的计算公式可以简化为阻力 X：

$$X = \frac{1}{2}\rho v^2 S C_x$$

式中，X 为阻力，N；ρ 为空气密度，kg/m^3；v 为气流相对速度，m/s；S 为机翼面积，m^2；C_x 为阻力系数（根据试验方法得到，不同的表面情况、不同的模型形状在不同的迎角情况下有着不同的阻力系数）。

低速飞机上的阻力按其产生的原因不同可分为摩擦阻力、压差阻力、诱导阻力和干扰阻力，飞机进入跨声速之后，还会产生激波阻力。

对于低速（不超过一倍声速）飞行的航空器来说，按阻力产生的原因可分为摩擦阻力、压差阻力、诱导阻力和干扰阻力四种。

（1）摩擦阻力。摩擦阻力是由于空气存在黏性（即非理想流体），空气与机身表面的黏滞作用直接产生的。空气的黏性和密度越大摩擦阻力越大，飞行器表面的气流状态是紊流时也会增加一定的摩擦阻力，飞行器的表面积及表面粗糙度越大摩擦阻力越大。

1）摩擦阻力的产生。摩擦阻力是由于空气有黏性而产生的阻力，存在于附面层内。由于空气有黏性，当气流流过机体表面时，机体表面给气流阻滞力并生成附面层。根据牛顿第三定律：作用力和反作用力总是大小相等方向相反，同时作用在两个物体上。机体表面给气体微团向前的阻滞力，使其速度下降，气体微团必定给机体以大小相等方向相反的向后的作用力，这个力就是摩擦阻力。

在紊流附面层的底层，机体表面对气流的阻滞作用要比层流附面层大得多，所以紊流附面层就要产生比层流附面层大得多的摩擦阻力。

摩擦阻力的大小除了与附面层内气流的流动状态有关外，还与机体与气流接触的面积（机体的外露面积）大小以及机体表面状态有关。机体与气流接触的面积越大，机体表面越粗糙，摩擦阻力就越大。

2）减小摩擦阻力的措施。

① 机翼采用层流翼型。因为紊流附面层的摩擦阻力远远大于层流附面层，所以要减小摩擦阻力就应设法使附面层保持层流状态。层流翼型是使附面层保持层流状态的一种有效翼型。图 2-133 所示为古典翼型及压力分布与层流翼型及压力分布的比较。层流翼型的特点是前缘半径小，最大厚度靠后［见图 2-133(b)］。气流流过这种翼型时，压力分布比较平坦，最低压力点位置后移［见图 2-133(b)］，顺压流动区域的扩大有利于在大范围内保持层流附面层，减小附面层增厚的趋势，延缓转披，在一定的迎角范围内减小摩擦阻力。

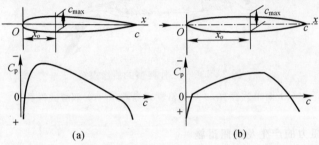

图 2-133　古典翼型及压力分布与层流翼型及压力分布的比较
(a)古典翼型；　(b)层流翼型

② 在机翼表面安装一些气动装置，不断向附面层输入能量；结构上也可以采取对附面层进行吸或吹的措施，加大附面层内气流的流动速度，减小附面层的厚度，使附面层保持层流状态。

③ 保持机体表面的光滑清洁。附面层的流动状态与机体表面光洁程度有很大关系。机翼表面对气流的任何一个扰动都会使附面层内的流动状态发生改变，转捩点大大提前。所以，在维护修理飞机的工作中，一定要保持机体表面的光滑整洁，特别是在主要的气动力面，比如机翼尾翼的前缘、上表面等，要保证机体表面没有污物，没有划伤、凹陷或突起，要注意埋头铆钉的铆接质量和蒙皮搭接缝的光滑密封等。

④ 要尽量减小机体与气流的接触面积。对飞机进行修理改装时，应注意不要过多增加机体的外露面积，否则会增大阻力，使飞机达不到飞行性能的要求。

压差阻力：压差阻力是由于飞行器飞行时，各组成部件对气流前后产生的压力差造成的阻力。压差阻力的大小与部件的迎流面积和形状有关。相对气流的迎面面积越大压差阻力越大。同时，在相同的流速和迎面面积的情况下，不同的外形形状对压差阻力的影响也不同。

(2) 压差阻力。

1) 压差阻力的产生。气流流过飞机时，在机体前后压力差形成的阻力就叫作压差阻力。气流流过机翼表面时，在机翼前缘的驻点处速度降为零，形成最大的正压力点；在最低压力点之后的逆压作用下附面层分离，又在机翼的后缘生成低压的涡流区。这样，机翼前缘区域的压力大于后缘区域的压力，前后压力差就形成了压差阻力。迎着气流放置一个圆盘。在圆盘前面气流被阻滞，压力升高；而在圆盘的后面气流分离形成低压的涡流区，圆盘前后压力差会产生很大的压差阻力。圆盘的面积越大，产生的压差阻力越大。如果，在圆盘的前面加一个圆头锥体［见图 2-134(a)］，在圆盘的后面加一个尖削锥体形成流线型物体［见图 2-134(b)］，圆盘前面的高压区被圆头锥体添满，使气流平滑流过，压力不会急剧升高；后面的涡流区也被尖削锥体添满,剩下很小的尾部涡流区,这样,压差阻力将会大大减小。所以,在不改变物体迎风面积的情况下,将物体做成前头圆钝后面尖细的流线型可以大大减小物体的压差阻力。

压差阻力不仅与物体的迎风面积、物体的形状有关,还与物体相对气流的位置(迎角的大小)有关。流线型物体的轴线与气流平行时,可以使压差阻力减小。

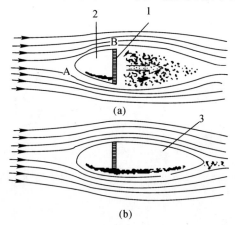

图 2-134　物体形状对压差阻力的影响

1—圆形平板剖面;　2—前部圆锥面;　3—后部圆锥面

2) 减小压差阻力的措施。

① 尽量减小飞机机体的迎风面积。比如,在保证装载所需要容积的情况下,为了减小机身的迎风面积,机身横截面的形状应采取圆形或近似圆形。

② 暴露在空气中的机体各部件外形应采用流线型。

③ 飞行时,除了起气动作用的部件外,其他机体部件的轴线应尽量与气流方向平行。民用运输机机翼采用一定的安装角就是为了使飞机巡航飞行时,机翼产生所需要升力的同时,机身轴线保持与来流平行,减小压差阻力。

(3) 诱导阻力。

诱导阻力是由于机翼上下存在一定压力差所造成的一种阻力。在翼尖处,机翼下表面的静压大,上表面的静压小,气流在这个压力差的影响下,改变原来的流动状态,由高压区(机翼下表面)绕过翼尖流向低压区(机翼上表面)并形成一个翼尖涡流(见图 2-135),造成气流向下流动形成一个下洗角,升力方向向后偏转,它的向后分量就是诱导阻力。机翼翼尖的升力越大诱导阻力也越大,因此可以用减少翼尖升力的方法来减小诱导阻力,所以在很多机型中机翼的翼根翼型和翼尖的翼型是不一样的。

1) 诱导阻力的产生。当气流以速度 v' 流过机翼时,产生的升力 L' 应垂直于速度 v'。由于下洗,速度 v' 相对来流方向向下倾斜了一个角度,升力 L' 也会相对来流方向向后倾斜一个角度,这样,升力 L' 除了在垂直来流方向上有一个起到升力作用的分量 L 外,还会沿来流方向产生一个分量 D,这个向后作用阻碍飞机飞行的力叫作诱导阻力(见图 2-136)。如果上下翼面没有压力差,就不会产生升力,也就没有诱导阻力产生。上下翼面压力差越大,升力越大,诱导阻力也就越大。

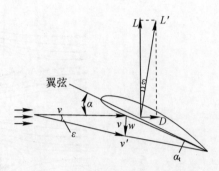

图 2-135 飞机的翼尖涡后翼尖涡流   图 2-136 诱导阻力的产生原理

2）减小诱导阻力的措施。

① 采用诱导阻力较小的机翼平面形状。

椭圆平面形状的机翼诱导阻力最小，其次是梯形机翼，矩形机翼的诱导阻力最大。同时，加大机翼的展弦比也可以减小诱导阻力。无论是椭圆形机翼还是大展弦比机翼，都使机翼翼梢部位的面积在机翼总面积中所占比例下降，从而减小诱导阻力。

在得到相同升力的情况下，飞机飞行速度越小，所需要的迎角越大，迎角的增加会使上下翼面气流的流速相差较大，压力差加大，翼梢旋涡随之加强，诱导阻力也就增加了。所以低速飞机大多采用大展弦比的机翼来减小诱导阻力。

② 在机翼安装翼梢小翼：在机翼翼梢部位安装翼梢小翼或副油箱等外挂物都可以阻止气流由下翼面向上翼面的流动，从而减弱翼梢旋涡，减小诱导阻力。翼梢小翼在减小诱导阻力，节省燃油，加大航程方面有着明显的作用。

（4）干扰阻力。干扰阻力是指飞机各部件组合到一起后由于气流的相互干扰而产生的一种额外阻力。

1）干扰阻力的产生。干扰阻力是由于飞行器各部件连接处，各部件表面气流的相互干扰造成的阻力，机翼和机身结合部气流的相互干扰如图 2-137 所示。

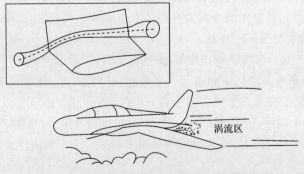

图 2-137 机翼和机身结合部气流的相互干扰

实验表明:整体飞机的阻力并不等于各个部件单独产生的阻力之和,而是多出一个量,这个量就是由于气流流过各部件时,在它们的结合处相互干扰产生的干扰阻力。

干扰阻力与各部件组合时的相对位置有关,也和部件结合部位形成的流管形状有关。

2)减小干扰阻力的措施。

① 适当安排各部件之间的相对位置。对于机翼和机身之间的干扰来说,中单翼干扰阻力最小,下单翼最大,上单翼居中。

② 在部件结合部位安装整流罩,使结合部位较为光滑,减小流管的收缩和扩张。

3. 固定翼飞机的升阻比

升阻比是升力和阻力之比,也就是升力系数和阻力系数之比。图 2 - 132 所示是升阻比随迎角变化曲线,从图 2 - 138 中可以看到升阻比随着迎角的变化情况。当升力系数等于零时,升阻比也等于零。升阻比随着迎角的增加而增大,由负值增大到零再增大到最大值,然后,随着迎角的增加而逐渐减小。由于升力系数和阻力系数随迎角的变化规律决定,升阻比的最大值 K_{max} 并不是在升力系数等于最大值时达到,而是在迎角等于 4° 左右范围内达到。在升阻比达到最大值的状态下飞行是最有利的,因为,这时产生相同的升力,阻力最小,飞行效率最高,所以升阻比也叫作气动效率。

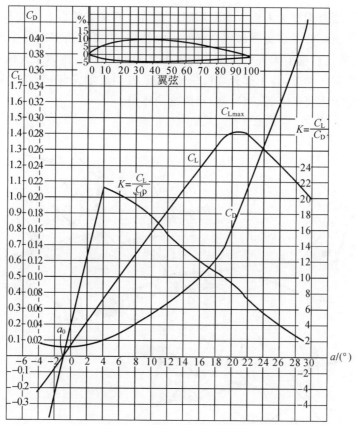

图 2 - 138　升阻比随迎角变化曲线

在确定了最大升阻比对应的迎角后,就可查出该迎角下对应的升力系数,然后就可以根据升力公式计算出一定重量的飞机在水平飞行时对应于最大升阻比的飞行速度。在设计固定翼飞机时,一般都会使对应于最大升阻比的速度等于巡航速度,以提高飞机的经济性能。

为了提高飞机的升阻比,对于低速或亚声速巡航的飞机,通常可以采用大展弦比、小后掠角、设置合适的机身/机翼相对安装角等方法来提高。对于超声速巡航的飞机,则主要要考虑尽量减小激波阻力。

2.5 复合构型无人机结构与飞行原理

2.5.1 多旋翼固定翼复合构型无人机结构与飞行原理

1. 多旋翼固定翼复合构型无人机结构

多旋翼固定翼复合构型无人机就是经常所说的复合翼无人机,所谓的复合翼无人机就是不再是传统意义上的固定翼、旋翼类型的无人机,而是将两者混合在一起所制作的无人机,这种无人机既是固定翼,又是旋翼机。它既具有旋翼机垂直起降的能力,又具有固定翼航程长、留空时间长的特点,可以实现固定翼的垂直起降,又没有了倾转旋翼机的复杂机构,可谓是一举多得。

多旋翼固定翼复合构型无人机大多采用固定翼结合四旋翼的混合翼布局形式,多旋翼固定翼复合构型无人机综合了多旋翼和固定翼两者的结构,主要包括多旋翼系统和固定翼飞行平台,多旋翼固定翼复合构型无人机机体结构如图 2-139 所示。整体无人机分为机翼、机体、尾翼、发动机、起落架 5 部分,各个部分均可快速拆卸,方便运输安装;兼具旋翼无人机垂直起降的功能和固定翼无人机航时长、速度高、距离远的特点。

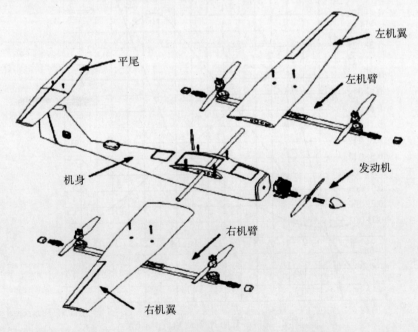

图 2-139 各旋翼固定翼复合构型无人机机体结构

复合翼无人机必须具备垂直方向的多个电机,气动效率低于固定翼,导致续航时间会大幅低于固定翼无人机。

复合翼无人机的飞行速度较快,可在较短的时间到达辖区内指定位置,同时具备较长的滞空时间,因此可以固定部署于公安局、派出所等楼顶,通信数据链可覆盖 30 km 半径的活动范围,参考军用无人机的操作模式,操作人员在室内用触屏计算机操作指挥。

2. 多旋翼固定翼复合构型无人机布局

这种无人机是在固定翼无人机平台上附加安装四旋翼系统,兼具旋翼无人机垂直起降的功能和固定翼无人机航时长、速度高、距离远的特点。

多旋翼固定翼复合构型无人机大多都采用了四旋翼＋推进螺旋桨的复合式布局,四部提供垂直升力的旋翼位于机身重心的四角,呈正方形布局,旋翼发动机通过撑杆与主翼连接。而提供前进动力的推进螺旋桨,则位于机头或者机尾。从整体上看,这类固定翼垂直起降无人机就在固定翼察打一体无人机的机身上增加了 4 个旋翼改进而来的。

(1)复合翼常规布局。常规布局的复合翼无人机如图 2-139 所示。采用固定翼结合四旋翼的复合翼布局形式,以简单可靠的方式解决了固定翼无人机垂直起降的难题,兼具固定翼无人机航时长、速度高、距离远的特点。图 2-140 所示采用固定翼结合四旋翼的复合翼布局形式。

(2)双尾撑常规布局。双尾撑布局是常规式布局的一个变化种类:通常机身较短,从机翼后面伸出的两个尾撑杆支撑一个平尾和两个垂尾。图 2-141 所示是一种双尾撑布局,后推式油动垂直起降固定翼无人机。

图 2-140　常规布局的复合翼无人机

图 2-141　双尾撑布局的复合翼无人机

(3)飞翼布局。飞翼布局的复合翼无人机如图 2-142 所示。飞翼布局的优点是取消了尾翼,机身就是一个巨大机翼,到处都产生升力,这种布局具有最小的阻力、最大的升阻比、最优的载重比,相比于传统布局,飞翼式布局的设计在速度、航程和飞行经济性上都很有优势。

(4)鸭翼布局。鸭翼布局的复合翼无人机如图 2-143 所示。无人机采用双桨或四桨设计、鸭翼布局,气动性能优异,同时具备垂直起降和高速巡航的能力,该机型利用螺旋桨及两侧副翼提供四个自由度全姿态控制,机械结构简洁,通过双桨差动实现转向,转弯半径小,省却垂直控制面。螺旋桨分别装在主机翼两侧,平飞时螺旋桨强大的后洗气流增加机翼升力,同时提高副翼舵面控制效能,垂飞时提供有效姿态控制,能够实现立式垂直起飞和降落功能。

鸭翼布局配平阻力较小,具有较大的升阻比,大迎角状态时加强机翼前缘涡流,改善飞机大迎角状态失速性能,低速大迎角飞行性能好,也有利于飞机的短距起降,为无人机在各行业的应用提供更灵活的解决方案。

图 2-142 飞翼布局的复合翼无人机

图 2-143 鸭翼布局的复合翼无人机

3. 多旋翼固定翼复合构型无人机飞行原理

多旋翼固定翼复合构型无人机是一种固定翼无人机垂直起降的解决方案,其以常规固定翼飞行器为基础,增加多轴动力单元,在起降及低速状态下按照多轴模式飞行,由四旋翼系统提供垂直起降所需升力,通过多个螺旋桨产生的拉力克服重力和气动阻力进行飞行;而在高速状态下,按照固定翼模式飞行,平飞时由前飞发动机提供推力,通过气动升力克服重力,通过拉力向前的螺旋桨克服气动阻力实现飞行。

2.5.2 倾转旋翼固定翼复合构型无人机结构与飞行原理

1. 倾转旋翼固定翼复合构型无人机结构

倾转旋翼固定翼无人机的机体结构如图 2-144 所示,倾转旋翼无人机机体结构与固定翼无人机相似,它在结构上只是在增加一套或多套旋翼机构,例如美国的"鹰眼"无人机属于倾转双旋翼无人机,该款无人机在外形上类似于传统固定翼飞机,使用机翼两端的两旋翼结构实现垂直起降与固定翼巡航。"黑豹"是以色列航空工业公司研制生产的新一代倾转旋翼无人机,"黑豹"属于倾转三旋翼无人机,其中在机翼两端各有一可倾转的旋翼结构,可在向上与向前之间倾转,尾部安装有可左右偏转的旋翼结构。Quantum TRON 是由德国 Quantum System 公司研制的一款倾转四旋翼无人机,它是通过在固定翼机翼两侧增加四旋翼机构,实现固定翼飞行器与四旋翼飞行器的结合。

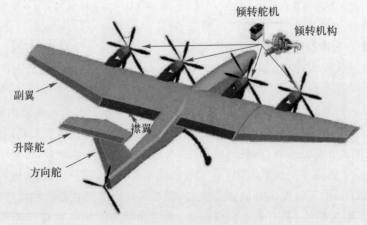
图 2-144 倾转旋翼固定翼无人机的机体结构

倾转旋翼无人机结合了直升机机翼和固定翼的优点,既有旋翼又有固定机翼,而且旋翼可以从垂直位置转向水平位置或者从水平位置转到垂直位置,因此这种无人机兼具垂直/短距离起降和高速巡航的特点。

倾转旋翼固定翼构型在思路上明显比多旋翼固定翼构型要高明许多,至少有一部分动力是多旋翼模态和固定翼模态共用的,减小了整个飞行过程的死重,而代价只是增加一套(或多套)旋转机构。

2. 倾转旋翼固定翼复合构型无人机布局

(1)倾转双旋翼无人机布局。倾转双旋翼无人机布局如图 2－145 所示。特点:使用机翼两端的两旋翼结构实现垂直起降与固定翼巡航。但是双旋翼倾转旋翼在垂直起降模式下,由于螺旋桨位于机翼的翼尖上方,旋翼产生的下洗气流不仅降低了旋翼的有效升力,而且也会影响飞行器的稳定性,增加了控制难度。此外双旋翼的结构非常复杂,需要对螺旋桨进行机械变距来实现垂直起降模式下的飞行器的稳定控制。

(2)倾转三旋翼无人机布局。图 2－146 所示的三旋翼布局是一款技术成熟的倾转式无人机。它的特点为中后部电机座固定,多旋翼模态下前部左右两个电机以垂直为中心,靠倾转机构差动实现航向控制;固定翼模态下,中后电机停转,前部左右两个电机倾转为水平态,变为固定翼动力。此种三旋翼布局倾转式无人机废重较少,整体效率相对较高,适合 10 kg 以下小型电动机型。

图 2－145　倾转双旋翼无人机布局

图 2－146　倾转三旋翼无人机布局

(3)倾转四旋翼无人机布局。Songbrid1400 是由德国研发制造的一种倾转四旋翼布局无人机,如图 2－147 所示。特点:在固定翼飞行器的机翼上增加四旋翼机构,机翼两侧各有两旋翼结构与机翼通过可变形轴连接,前部旋翼轴可向下旋转,后部旋翼轴可向上旋转。起降过程中,四旋翼结构垂直向上,提供向上升力;当切换至固定翼时,该飞行器首先上升一定高度,四旋翼结构倾转 90°提供固定翼前飞动力。由于在切换过程中无倾转过渡阶段,因此会出现掉高现象,不利于飞行安全。

3. 倾转旋翼固定翼复合构型无人机飞行原理

倾转旋翼无人机是通过将旋翼轴线倾转90°为固定翼提供动力来实现飞行状态的改变;

(1)倾转双旋翼无人机飞行原理。早期的设计方案一般是双旋翼类型的倾转旋翼,即在机翼两端安装旋翼系统,内部通过涡轮发动机来驱动旋翼系统,发动机部分可以绕着机翼轴

图 2－147　倾转四旋翼无人机布局

转动,当处于垂直起降模式时,发动机向上,过渡到固定翼模式飞行时,发动机向前倾转,提供固定翼水平向前动力。

(2)倾转三旋翼无人机飞行原理。无人机起降过程中,通过三旋翼垂直向上提供升力,稳定姿态与航向;正常巡航时,位于机翼两侧的旋翼倾转至向前提供前飞动力,以固定翼模式进行巡航飞行。

(3)倾转四旋翼无人机飞行原理。倾转四旋翼无人机具有三种飞行模式:四旋翼飞行模式、倾转过渡飞行模式、固定翼飞行模式。四旋翼飞行模式主要使用在无人机垂直起降过程中,一是高度爬升为切换固定翼飞行做准备,二是垂直降落结束飞行。倾转过渡飞行模式可以具体细分两个阶段,一是旋翼轴向前倾转,由四旋翼模式切换至固定翼模式,二是旋翼轴向上倾转,由固定翼模式切换至多旋翼模式。固定翼飞行模式是飞行器巡航工作的飞行模式,在此模式下,飞行器巡航速度快,续航时间长,能够充分完成飞行任务。倾转过渡飞行模式是倾转旋翼无人机飞行过程中最为核心的环节,在旋翼倾转过程中,不仅改变了飞行器整体的受力状态,而且飞行器的控制模式、执行机构均随之变化,这样极易导致飞行器异常甚至坠机,因此必须保证飞行器在倾转过渡过程中姿态平稳,实现四旋翼模式与固定翼模式之间平滑稳定的切换。

2.5.3 尾座式垂直起降复合构型无人机结构与飞行原理

1.尾座式垂直起降复合构型无人机结构

尾座式无人机是一种机尾坐地机头朝上的无人机,尾座式垂直起降构型只比固定翼构型多出了尾部支撑机构,尾座式无人机没有倾转机构,动力系统固连在机体上随全机整体偏转,尾部安装有起落支架,相对于倾转旋翼构型的将旋翼轴转90°转平飞,尾座式垂直起降无人机则是将自己整体转90°转平飞,这样设计是为了省略旋翼的倾转机构,具有更高的机械可靠性。单从结构上看,尾座式垂直起降构型虽然比固定翼构型多出了尾部支撑机构,但是省下了起落架系统,因此很可能会比相同起飞重量的固定翼重量更轻。

2.尾座式垂直起降复合构型无人机布局

尾座式垂直起降复合构型无人机布局如图2-148所示。尾座式垂直起降构型是在固定翼构型的基础上增加了尾部支撑机构,从气动布局上看,尾座式构型可用设计成飞翼布局,翼身融合布局,甚至是常规布局,因此气动效率优势明显。

图2-148 尾座式垂直起降复合构型无人机布局

3.尾座式垂直起降复合构型无人机飞行原理

尾座式无人机没有倾转机构,采用机尾坐地式垂直起飞。尾座式无人机起飞时,在动力系统升力作用下垂直起飞,达到一定高度和速度后进入过渡过程,全机整体向前倾转,之后转入平飞;降落时先由平飞进入倾转过程使机头向上,然后控制动力系统减小升力使无人机垂直降落,进入垂直降落过程完成降落。

因其在转为平飞时,机翼系统不会停止工作,且容易控制,受到了广大使用者的喜爱,但是主要在垂直飞行和过渡飞行模式下,在有风的条件下因机翼面的阻挡,使无人机受到的阻力较大,导致其飞行不稳定,抗风性能差。

2.5.4　其他复合构型无人机结构与飞行原理

1. 涵道式旋翼与固定翼混合构型无人机结构与飞行原理

(1)涵道式旋翼与固定翼混合构型的无人机结构。涵道式旋翼与固定翼混合构型的无人机布局如图 2-149 所示。"雷击"无人机是美国极光公司研制的一种垂直起降无人机,"雷击"无人机采用了鸭翼布局的倾转机翼设计,"雷击"无人机其最大特点是采用分布式混合动力电驱动系统,由 1 台涡轴发动机驱动,通过其驱动 3 台发电机来产生电力,并将电力分配至全机 24 个涵道式风扇上,其中两个鸭翼上各安装 3 个,两个机翼上则各安装 9 个风扇,形成分布式混合电推进系统。采用电驱动设计的目的,是为了避免在机翼内部布置空间占用较大、结构复杂的机械、液压动力/传动系统,从而实现降低结构重量和复杂度目的,同时也能够减小机翼的弦长,提高悬停状态的操纵性和突风稳定性。另外还采用了相应的新颖飞行控制设计。

(2)涵道式旋翼与固定翼混合构型无人机布局。这是一款分布涵道式旋翼与固定翼混合构型的飞行器,动力系统为一台涡轴发动机带动三台发电机,进而为 24 台涵道螺旋桨提供动力。

图 2-149　涵道式旋翼与固定翼混合构型无人机布局

(3)涵道式旋翼与固定翼混合构型无人机飞行原理。起飞的时候,雷击无人机的主机翼和鸭翼调整为与地面呈 90°的角度。升空后,机头有轻微的下倾,然后迅速改平。在机头改平之后,主机翼和鸭翼的角度也会调整到同飞机平行的状态,从而提高速度。

2. 自转旋翼和固定翼复合构型无人机结构与飞行原理

(1)自转旋翼和固定翼复合构型无人机结构。自转旋翼和固定翼复合构型无人机是在固定翼构型的无人机顶部增加了一副自转旋翼,它外形类似直升机。同固定翼无人机相比,该无人机具有跳飞能力,低速飞行性能较好;同无人直升机相比,自转旋翼无人机使用成本低,结构简单可靠。

这种飞行器结合了自转旋翼机的结构简单、可跳飞性能,以及固定翼飞机高速飞行时的高升阻比,由于采用电传操纵,未来也是要成为无人机的一种可行方案。

(2)自转旋翼和固定翼复合构型无人机布局。自转旋翼和固定翼复合构型无人机是一种介于固定翼无人机和无人直升机之间的飞行器,它是在固定翼构型的无人机顶部增加了一副自转旋翼，该构型飞机外形类似直升机。自转旋翼和固定翼复合构型无人机布局如图 2 - 150 所示。

图 2 - 150　自转旋翼和固定翼复合构型无人机布局

（3）自转旋翼和固定翼复合构型无人机飞行原理。该构型无人机飞行原理更接近于固定翼飞机，从外观来看，该无人机看上去酷似直升机，但不同的是，自转旋翼本身无动力驱动，而是靠由独立于旋翼系统的发动机驱动的螺旋桨产生向前的推进力，使旋翼在空气作用下产生自旋，进而产生升力。在起降及低速状态下按照直升机模式飞行，由自转旋翼系统提供垂直起降所需升力，通过自转旋翼产生的拉力克服重力和气动阻力进行飞行；而在高速状态下，按照固定翼模式飞行，平飞时由前飞发动机提供推力，通过气动升力克服重力，通过拉力向前的螺旋桨克服气动阻力实现飞行。

该无人机的自转旋翼是无动力自由旋转的，正是这个旋翼给了该无人机最安全的保障。由于自转旋翼系统无动力驱动，在飞行过程中，它靠自身运动时激起的气流转动从而产生将机身维持在空中的升力。如果不幸碰上发动机在空中熄火，在该种无动力情况下旋翼仍会继续旋转来维持旋翼机的升力，使它自旋缓慢降落而不会下坠，而不会像普通固定翼无人机那样出现坠机事故，迫降成功率远高于其他类型无人机。

该构型的无人机是一种以自转旋翼作为升力面的无人机，它可以直接依靠旋翼、自转滑翔着陆；与无人直升机不同，自转旋翼机飞行时没有无人直升机的低速回避区，更安全。同时由于安装了自转旋翼，它与无人直升机一样拥有垂直短距起降的优势，对起降条件要求不高。

思　考　题

1. 简述 3ZD - 10A 型遥控植保无人机系统的组成。
2. 简述无人直升机的飞行原理。
3. 多旋翼无人机组成一般包括哪些组成部分？
4. 多旋翼无人机的机架按材质分有哪些类型？目前使用最多的是哪种材质的机架？
5. 简述多旋翼无人机的飞行原理。
6. 简述固定翼无人机的组成及各部分功用。
7. 影响固定翼飞机升力的因素有哪些？
8. 固定翼无人机增升原理有哪几种方式？
9. 什么是飞行相对运动原理？
10. 翼型有哪些参数？

11.升力和阻力各是怎样产生的?

12.什么是迎角? 如何判断迎角的正负?

13.什么是摩擦阻力? 怎么减少摩擦阻力?

14.目前有哪几种复合构型的垂直起降无人机?

15.复合翼垂直起降无人机的机体是由哪几部分组成的?

16.复合翼垂直起降无人机有哪几种布局?

17.简述复合翼垂直起降无人机的工作原理。

18.倾转旋翼固定翼无人机的机体是由哪几部分组成的?

19.倾转旋翼固定翼无人机有哪几种布局?

20.简述倾转旋翼固定翼无人机的工作原理。

第3章 无人机动力系统

目前无人机的动力系统主要有燃油动力系统、电池动力系统以及油电混合动力系统三种。燃油动力系统主要有活塞发动机、涡喷发动机、涡扇发动机、涡桨发动机、涡轴发动机等装置，而电动动力系统主要包含电机、电调、螺旋桨以及电池。目前主流的民用无人机采用的动力系统通常为活塞式发动机和电动机两种。本章将着重讲述无人机动力系统的结构组成、工作原理、性能参数、特点及应用等知识。

教学要求

(1)掌握活塞式发动机的构造及工作原理；

(2)了解涡轮发动机的构造及工作原理；

(3)掌握无人机电池动力系统的组成、原理及参数；

(4)掌握无人机油电混合动力系统的组成、原理及特点；

(5)培养学生的创新意识和创新精神以及踏实耐劳的工作作风；

(6)培养学生的环保意识、节约意识及安全意识。

内容框架图

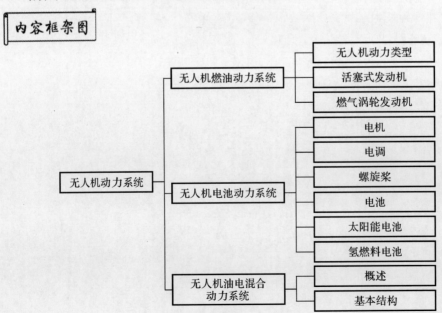

3.1　无人机燃油动力系统

3.1.1　无人机动力类型

无人机的动力类型有两种:燃油动力的发动机和电池动力的电动机。无人机发动机的类型如图 3-1 所示。

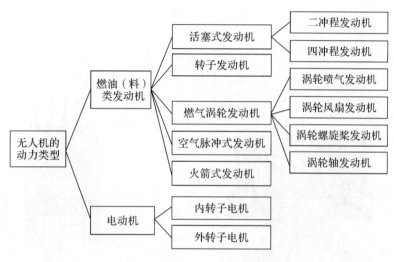

图 3-1　无人机发动机的类型

发动机是一种把化学能转换为机械能(电动机是把电能转换为机械能)从而为飞行器提供飞行动力的装置。

燃油(料)类发动机按结构特点,可以分为活塞发动机、转子发动机、燃气涡轮发动机、脉冲式发动机和火箭式发动机等。

电池动力的电动机按结构形式可分为内转子电动机和外转子电动机两种类型。图 3-2 所示为转子发动机,图 3-3 所示为涡轮发动机。

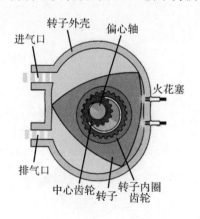

图 3-2　转子发动机

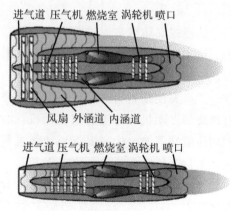

图 3-3　涡轮发动机

3.1.2 活塞式发动机

1. 活塞式发动机的构造和原理

活塞式发动机是把燃料在发动机汽缸内部进行燃烧，将燃料的化学能转变成热能，然后又用热能推动汽缸内的活塞做功，转变成机械能的机器。

常见的活塞式发动机根据燃料的点火方式可以分为点燃式发动机和压燃式发动机两种。大部分的汽油发动机都是点燃式发动机，如图3-4所示，而大部分的柴油发动机都是压燃式发动机，如图3-5所示。随着其他燃料的广泛应用和发动机技术的进步，点燃式发动机不只局限于汽油机，其他燃料的发动机也有用点燃方式的。压燃式发动机也不只局限于柴油机，其他燃料的发动机也有用压燃方式的。而且同一种燃料既可以用点燃方式燃烧也可以用压燃方式燃烧，如压缩天然气发动机。区分点燃式还是压燃式发动机要看引起燃烧的点火方式。

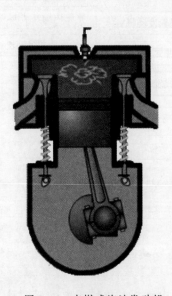

图3-4 点燃式汽油发动机

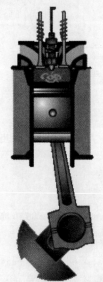

图3-5 压燃式柴油发动机

活塞式发动机是通过燃烧油料做功来工作的。活塞内结构如图3-6所示。使油料燃烧的方法有两种：采用高压电火花点燃或通过压缩空气产生高温使油料自燃。用电火花点燃油料进行燃烧的发动机称为点燃式发动机，如汽油机；利用压缩空气产生的高温点燃油料进行燃烧的发动机称为压燃式发动机，如柴油机。

常见的压燃式发动机还包括二冲程的甲醇发动机。

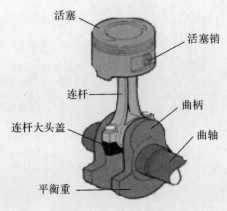

图3-6 活塞内结构

2. 活塞式发动机的专业名词解析

活塞式发动机的专业名词包括：

上止点：活塞离曲轴中心最远处；

下止点：活塞离曲轴中心最近处；

活塞行程：上止点和下止点间的距离；

曲柄半径：连杆大头中心到曲轴中心的距离；

汽缸工作容积：(汽缸排量)活塞由上止点移动到下止点扫过的容积；

发动机工作容积：所有汽缸排量之和；

燃烧室容积：活塞在上止点时活塞顶上面的空间的容积；

汽缸总容积：活塞在下止点时，活塞上部空间的容积；

压缩比：汽缸总容积与燃烧室容积之比；

怠速：发动机克服自身摩擦阻力工作的最低稳定转速；

全负荷：发动机在节气门最大开度位置工作；

点火提前角(进角)：从点火时刻起到活塞到达压缩上止点，这段时间内曲轴转过的角度。

汽缸的工作容积如图 3-7 所示。

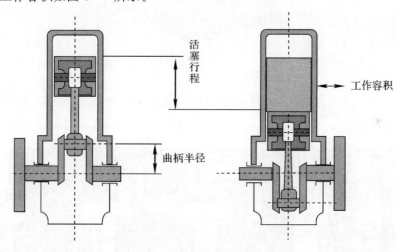

图 3-7　汽缸的工作容积

根据活塞式发动机的工作原理还可以把活塞式发动机分为二冲程发动机和四冲程发动机两种类型。

3. 四冲程发动机的工作原理及构造

四冲程汽油发动机结构如图 3-8 所示，四冲程汽油发动机的工作原理如图 3-9 所示。

（1）吸气：此时，活塞被曲轴带动由上止点向下止点移动，同时，进气门开启，排气门关闭。当活塞由上止点向下止点移动时，活塞上方的容积增大，汽缸内气体压力下降，形成一定的真空度。由于进气门开启，汽缸与进气管相通，混合气被吸入汽缸。

空气由空气滤清器经进气道上的化油器，将汽油吸入并雾化成细小的油粒与空气混合，即形成可燃混合气，而后进入汽缸。

当活塞移动到下止点时,汽缸内充满了新鲜混合气并含有部分上一个工作循环未排出的废气。

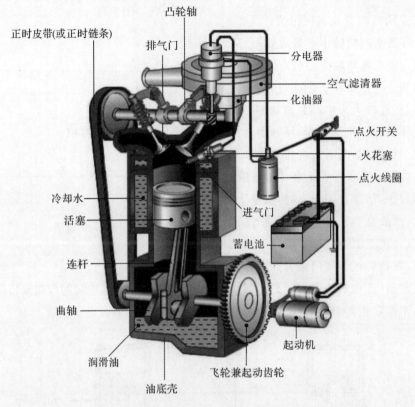

图 3-8 四冲程汽油发动机结构示意图

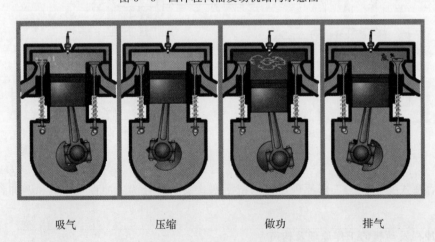

吸气　　　　　压缩　　　　　做功　　　　　排气

图 3-9 四冲程汽油发动机的工作原理图

(2) 压缩:活塞由下止点移动到上止点,进排气门关闭。曲轴在飞轮惯性力的作用下带动旋转,通过连杆推动活塞向上移动,汽缸内的气体容积逐渐减小,气体被压缩,汽缸内的混合压力与温度随着升高。

一般压缩比不可太大,通常为 6~8.5,个别可达 9.5~10,太大可引起可燃混合气过早爆燃和产生爆震,导致汽油机功率下降,工作条件恶化。

（3）做功：此时，进、排气门同时关闭，火花塞点火，混合气剧烈燃烧，汽缸内的温度、压力急剧上升，高温、高压气体推动活塞向下移动，通过连杆带动曲轴旋转。在发动机工作的四个过程中，只有这个行程才实现热能转化为机械能，所以，这个行程被称为做功行程。

（4）排气：此时，排气门打开，活塞从下止点移动到上止点，废气随着活塞的上行，被排出汽缸。由于排气系统的阻力，且燃烧室也占有一定的容积，因而在排气终了，不可能将废气排净，这部分留下来的废气称为残余废气。残余废气不仅影响充气，对燃烧也有不良影响。

4. 二冲程发动机的构造和工作原理

二冲程汽油发动机结构如图 3-10 所示，二冲程汽油发动机的工作原理如图 3-11 所示。

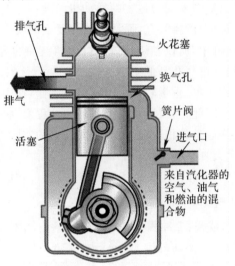

图 3-10　二冲程汽油发动机结构示意图

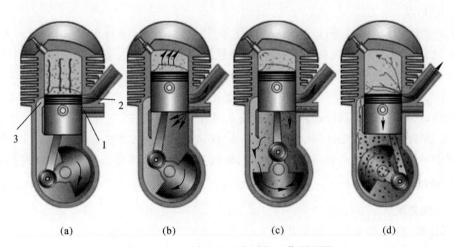

图 3-11　二冲程汽油发动机工作原理图

（a）压缩；（b）进气；（c）燃烧；（d）排气

（1）压缩吸气：活塞由下止点向上止点移动，关闭扫气口和排气口，压缩已经进入汽缸的混合气。由于活塞上移，使活塞下部密闭的曲轴箱内容积不断加大，压力降低，形成真空度，当活塞下边缘将进气口打开时，在大气压力的作用下，可燃混合气被吸入曲轴箱内。可见第一行程是压缩和预进气行程。

（2）燃烧和排气：当上一行程活塞接近上止点时，火花塞点火，点燃已压缩的混合气体。由于混合气体燃烧并急剧膨胀，推动活塞向下移动做功，同时压缩了曲轴箱内的可燃气体。活塞向下移动将排气口打开，具有一定压力的废气很快经排气口冲出体外。活塞继续向下移动，随即扫气口也被打开（扫气口上缘略低于排气口下缘），曲轴箱被压缩的可燃混合气体经扫气口进入汽缸体内，同时驱逐汽缸内的废气继续排出。

二冲程汽油发动机主要特点：二冲程汽油发动机顾名思义就是"活塞经过两次单向运动且曲轴旋转一周，就产生一次引擎爆发动力过程的发动机"，所以二行程发动机的特色就是汽缸壁上有多个进气孔和一个或以上的排气孔，而活塞的往复运动就是打开和关闭这些气孔，因曲轴箱已用来压送混合气到汽缸中，所以燃烧气体是机油和汽油的混合气。因为只有活塞来控制气门进、排气动作，所以汽缸进气孔是低于排气孔的。

优点：二冲程发动机结构简单、重量轻、尺寸小、容易维修，在中高转速爆发力强。另外，由于曲轴转一圈就有一次做功，因此，当二冲程发动机与四冲程发动机汽缸工作容积、压缩比、曲轴转速、每循环供油量以及其他条件相同时，二冲程发动机的实际功率将比四冲程发动机要大（理论上应该大 2 倍，但实际大 0.5～0.6 倍）。

缺点：耗油大、废气污染大，可靠性和经济性较差。

5. 二冲程发动机和四冲程发动机的换气过程对比

（1）换气时间短，换气质量差：二冲程发动机为 120°～150°CA（曲转专用度量单位，就是圆周 360 度中的一度），而四冲程发动机为 400°～500°CA。从气门叠开角占整个内燃机换气时间的比例来看，非增压为 3%～8%，增压为 20%～30%，而二冲程发动机达到了 70%～80%。将有较多的新鲜充量经过排气门直接流入排气管中，增加了空气消耗量（对于柴油机而言）或混合气消耗量（对于汽油机而言）。与二冲程增压发动机所匹配的增压器比四冲程发动机流量大的原因。

（2）进、排气过程同时进行：四冲程发动机的换气过程在两个行程中进行，新鲜充量与废气掺混的机会较少，残余废气系数较小；而二冲程发动机换气时进、排气过程同时进行，新鲜充量与废气易于掺混，残余废气系数比较大。

（3）扫气消耗功大：尽管二冲程发动机无泵气损失，但消耗的空气量大，扫气泵耗功多，使得其指示热效率明显低于四冲程内燃机，因此燃油消耗率较高。

（4）二冲程汽油发动机的 HC（碳氢化合物）排放高：对于二冲程汽油机而言，由于在扫气期间有较多新鲜充量短路而直接流入排气管，导致其未燃 HC 排放远高于四冲程发动机。

6. 发动机的系统组成

（1）燃油系统。

1）汽化器：汽化器是发动机关键部件，其功用是将燃油雾化为极小颗粒，按一定比例与空气混合，形成可燃气体，保障发动机在不同工作状态时供给混合气。燃油与空气的比例用空气系数表示，其含义为

$$空气系数 = \frac{燃烧\ 1\ kg\ 燃料实际供给空气量}{完全燃烧\ 1\ kg\ 燃料所需理论空气量}$$

对汽油而言,完全燃烧 1 kg 需要空气理论质量为 14.8 kg,假设值为 1。对小于此比例的混合气,我们称为"富油混合气",反之称为"贫油混合气"。贫油混合气中一部分氧气未利用就排出发动机,而富油混合气一部分燃油未被利用就随废气排除。这两种情况都能使发动机功率下降,甚至不能工作。

2）高速油路:又称主油路,发动机正常工作时主要依靠主油路工作,主油路工作状况和简单汽化器工作的原理相似。随风门开度加大,发动机转速增大,空气的流量和流速随之增大,供给的燃油量也增多;燃油与空气雾化混合,形成可燃气体。混合气中的油量与喷嘴处的油压、主油孔尺寸和喷嘴截面积有关,后者可以通过油针进行调节。

3）低速油路:当风门开度较小、发动机转速较低时,流经主喷嘴气流速度较低,而从油门板缝隙间流过的空气速度快,负压大,从低速量孔吸出适量燃油,形成满足低速工作的混合气。随着油门开度不断增大,从低速油孔吸出的燃油量减少,而从高速油孔中吸出的燃油量逐渐增多,燃气的混合比主要由主油路的状态决定。汽化器从低速油路到高速油路有一个衔接过程,并相互影响。

4）油滤:油滤能防止异物进入油泵、汽化器、发动机,油滤必须由厂家提供。油箱加油时必须过滤。

5）油管:选用厚壁、耐油、有弹性软管。

6）油箱:一般选用铁质和塑料油箱。大小根据续航时间设计确定。

（2）点火系统。

1）点火系统的功用是在适当的时间产生点火花,点燃混合气二冲程发动机一般采用磁电机和电子点火系统。同样,电热式发动机通过点火头给火花塞一个初始温度,点燃混合气,再由燃烧的混合气补给火花塞温度,保持电热丝的点火温度实现连续点火。

2）火花塞是发动机能否正常运转的重要部件,必须根据厂家提供的牌号、型号、规格选用,不可随意更换。

（3）冷却系统。二冲程小型发动机多采用自然风冷,依靠螺旋桨产生的或相对运动产生的气流冷却。

（4）排气系统。发动机排气系统有两个功用:降低噪声;改善发动机性能。电热式发动机排气系统还有一个作用是改善油平面变化对发动机工作的影响。由于二冲程发动机吸气和排气过程是重叠进行的,吸气和排气的充足是发动机性能表现所在,因而合理设计排气管的外形尺寸,可以大幅提高输出功率,一般排气管的外形尺寸不能随意改动。

3.1.3　燃气涡轮发动机

1. 燃气涡轮发动机组成

航空涡轮发动机一般由进气道、压气机、燃烧室、燃气涡轮、尾喷管五部分组成。航空涡轮发动机组成如图 3-12 所示。

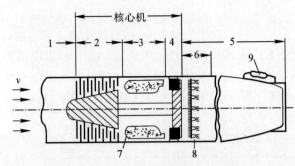

图 3-12 航空涡轮发动机组成示意图

1—进气道; 2—压气机; 3—燃烧室; 4—涡轮; 5—尾喷管;

6—加力燃烧室; 7—喷油嘴; 8—加力喷油嘴; 9—可调喷口作动筒

(1) 进气道。进气道是发动机的进气通道,其功用是整理进入发动机的气流,消除旋涡,并利用飞行时冲入的气流提高压力。

(2) 压气机。压气机(压缩机)是利用高速旋转的叶片对空气做功,以提高空气压力的部件。压气机有离心式和轴流式两种形式。

1) 离心式压气机。离心式压气机又称径向外流压气机,由进气系统、叶轮、扩压器和集气管等部分组成(见图 3-13)。压气机通过中间联轴节与涡轮轴相接。叶轮叶片的进口部分为迎合气流相对运动的速度方向,做成向旋转方向前弯。叶轮上叶片间的通道是扩张形的,叶轮高速旋转,空气流过它时,对空气做功,加速空气的流速,同时提高空气压力。

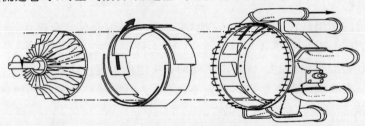

图 3-13 离心式压气机

叶轮分单面叶轮和双面叶轮两种(见图 3-14)。双面叶轮从两面进气,可以增大进气量,而且对于平衡作用在轴承上的轴向力也有好处。

气流从工作叶轮流出后进入扩压器。扩压器位于叶轮的出口处是一个环形室,装有一定数量的整流叶片,相邻叶片间的通道是扩张形的,空气流过时,速度下降,压力和温度上升。

集气管使气流变为轴向,将空气引入燃烧室。

离心式压气机的主要优点是:单级增压比高,现代离心压气机增压比可达 15:1;离心式压气机稳定的工作范围宽,结构简单可靠、重量轻、长度短,所需要的启动功率小。但是它的流动损失大,尤其级间损失更大,不适于用多级,仅 2 级串联是有效的。离心式压气机的效率较低。单位面积的流通能力低,迎风面积大,阻力大。

离心式压气机主要用于小型涡轴、涡桨发动机以及 APU(辅助动力装置)上。它也与轴流式压气机配合作为压气机的最后一级,用于某些涡扇形发动机上。

2) 轴流式压气机。轴流式压气机由带有许多翼型截面叶片的一个或多个转子和与机匣固定在一起不动的静子组成,静子也有许多翼型截面叶片。转子对空气做功,压缩空气提高空气压力。静子使空气扩压,继续提高空气压力。这种压气机是一个多级装置,因为每一级的压力升高量很小。每一级包含一排旋转叶片和随后的一排静子叶片。

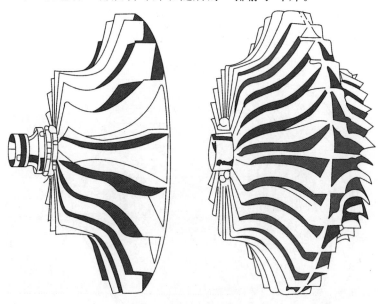

图 3 - 14　单面叶轮和双面叶轮

转子轴支撑在滚珠轴承或滚柱轴承中,压气机转子与涡轮转子通过联轴器连接,从而形成发动机转子。

为了保证压气机工作稳定,有的在第 1 级工作叶轮前还有一排不动的叶片称为进气导向叶片。其功用是引导气流的流动方向产生预旋,使气流以合适的方向流入第 1 级工作叶轮。涡扇发动机在风扇排气通道中的静止叶片称为出口导向叶片,目的是改善风扇后气流。轴流式压气机的优点是可以通过增加级数的方法提高压气机的总增压比,以提高压气机的效率,通常效率可达 87% 以上。与离心式压气机相比,轴流式压气机单位面积的流通能力高,迎风面积小,阻力小。缺点是单级增压比低,仅有 1.25:1,结构复杂。

单转子压气机由一转子组件和一些静子组成,其级数多少必须满足所要求的增压比。多转子压气机由两个或多个转子组件组成,每一转子组件由各自的涡轮以最佳转速驱动,以达到更高的增压比和提供更大的工作灵活性(见图 3 - 15)。

(3)燃烧室。燃烧室是将压气机流出来的高压空气与燃料混合,并进行燃烧的装置。在燃烧室里,燃料(如航空煤油)中的化学能经过燃烧转变为热能,使气体温度大大提高。燃烧室的高温、高压燃气具有很高的能量(热能和热势),用于在燃烧室后的涡轮和为尾喷管中膨胀做功。

用于燃气涡轮发动机的燃烧室有三种主要类型,即多个单管燃烧室、环管形燃烧室和环形燃烧室。

1)多个单管燃烧室(见图 3 - 16)用于离心式压气机发动机和早期型号的轴流式压气机发动机中。单管燃烧室(见图 3 - 17)也用在 APU 中。每一燃烧室内部均有一个火焰筒,围绕它的是空气机匣。空气流入火焰筒的锥形进口,并且流入火焰筒和外机匣之间的空间。单独的火焰筒有联焰管互相连接,这使所有火焰筒在同样的压力下工作,并且使燃烧在发动机启动期间传遍所有火焰筒。该型燃烧室的优点是设计简单,结构强度好,能够单个地拆卸和更换。它的缺点是质量大和需要更多的空间,还需要复杂的来自压气机的空气供应管路,导致气动损失非常高。多个单管燃烧室的另一个缺点是从一个室到其他室点火困难。

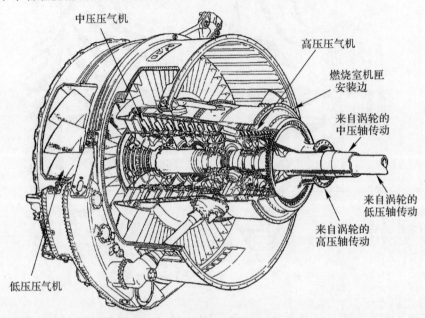

图 3-15 典型的三转子压气机

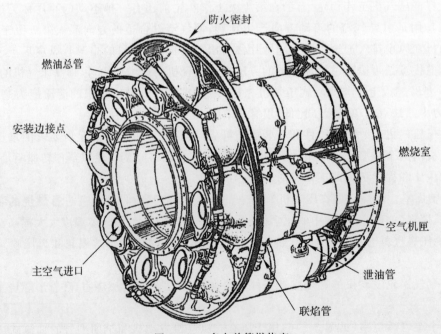

图 3-16 多个单管燃烧室

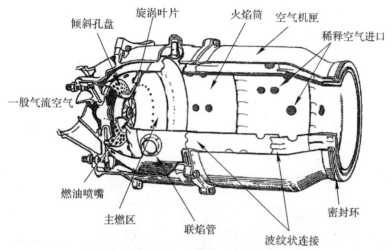

图 3-17　单管燃烧室

　　2)环管形燃烧室。环管形燃烧室填补了从多个单管燃烧室过渡到环形燃烧室的空档。多个火焰筒装在一个共同的空气机匣里。气流与已描述的情形相似(见图 3-18)。这种布局兼有多个单管燃烧室易于翻修和试验以及环形系统紧凑的优点。环管形燃烧室的优点是比类似的多管燃烧室尺寸较小,重量较轻。它不需要复杂的空气供应管路,结构强度好。它的缺点是气动损失相当高和从一个火焰筒到另一个点火困难。

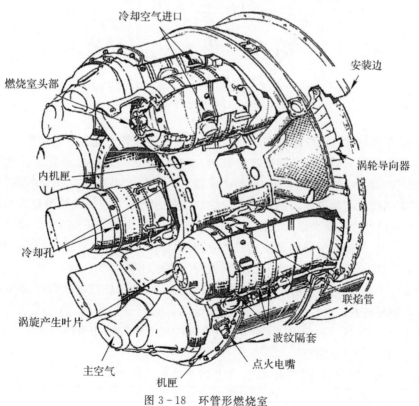

图 3-18　环管形燃烧室

3）环形燃烧室。它有一个火焰筒,其形状完全是环形的,装在内外机匣之间(见图3-19)。燃烧室的前部向压气机敞开,而后端则连接涡轮导向器。环形燃烧室的主要优点是就同一功率输出而言,燃烧室的长度只有同样直径的环管形系统长度的75%,节省了重量和成本。另一优点是消除了各个燃烧室之间的燃烧传播问题。与环管形燃烧室比较,与之相当的环形燃烧室的壁面积少得多,保护火焰筒的冷却空气量大约也少15%。冷却空气量的减少使燃烧效率提高,因此实际上是消除了未燃烧的燃油,并将一氧化碳氧化成无毒的二氧化碳,从而减少了对空气的污染。环形燃烧室的缺点是制造费用高,拆卸困难和耗费时间。

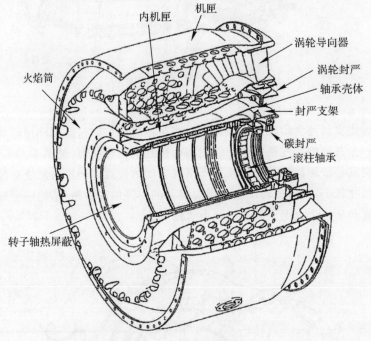

图3-19　环形燃烧室

燃烧室的常见形式有联管燃烧室、环形燃烧室两种。联管燃烧室有数个单独的火焰筒,它们均匀地排列在机匣与隔热筒之间的环形腔内,而火焰筒之间则有联焰管相连通。联管燃烧室的每个火焰筒都有喷油嘴、涡流器、火焰稳定器。从压气机出来的空气分两路向后流动:小股气流进入火焰筒与喷油嘴喷出的煤油混合燃烧,成为燃气;大股气流则流经火焰筒周围而起冷却作用,当这股气流流至火焰筒后段时,部分空气又由孔洞进入火焰筒内与燃气混合燃烧,使燃烧更加完全。涡流器的作用是使空气产生旋涡,以便与煤油均匀混合,为燃烧创造有利的条件。火焰稳定器是维持火焰的稳定燃烧。混合气靠火花塞点燃。

（4）涡轮。涡轮的主要作用是将燃烧室流出的高温、高压燃气的大部分能量转化为机械能,使涡轮高速旋转并产生大的功率,由涡轮轴输出。涡轮是将高温、高压燃气的能量转变成为机械能的一种叶片机。涡轮发动机中,燃气涡轮的机械能以轴功率的形式输出,用来驱动压气机、螺旋桨、旋翼和其他附件。

涡轮的类型有径向内流式和轴流式,即类似于离心式压气机和轴流式压气机两种。两种类型有同样的主要部件,头一个主要部件是静子叶片组,静子叶片也称涡轮喷嘴导向叶片、涡轮喷嘴环或涡轮导向器。下一个主要部件是装在涡轮盘上的转子叶片组(见图3-20)。静子由导向器和固定它的机匣组成,转子由工作叶片、轮盘与轴组成,又称涡轮转子。一个导向器和一个涡轮转子组合成一个涡轮级。涡轮可由一个或几个涡轮级组成,分别称为单级涡轮或多级涡轮。与压气机不同的是涡轮导向器在转子之前,且型面形状和气流通道与压气机也不同,两个叶片间形成的通道呈收敛形,即入口处面积比出口处面积大,燃气流在收敛通道中流过时,速度提高,压力降低。

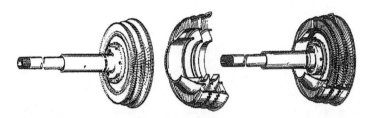

图 3 - 20　涡轮

为了产生驱动扭矩,涡轮可以有若干级,每级有一排静止的导向器叶片和一排旋转的工作叶片。涡轮级数取决于需要从燃气流吸收的功率,发出该功率的旋转速度及允许的涡轮直径。径向内流式涡轮总是单级的,用于小型涡轮发动机如 APU 上。同轴流式涡轮比较,它的优点是设计简单,容易制造;缺点是通过的气体流量小和效率低,这是因为气动损失高和气体通过涡轮流动必须要克服离心力。

(5) 尾喷管。尾喷管是发动机的排气系统,不同的燃气涡轮发动机,尾喷管的设计都有所不同,它一般由中介管和喷口组成。如果发动机装在飞机中部或较长的发动机短舱内,为了将燃气引出机外,在中介管和喷口之间,需要有一个延伸管,其主要作用是将由涡轮流出的、仍有一定能量的燃气膨胀加速,以较大的速度排出发动机,用以产生推力。利用燃气流产生反作用力的发动机都有较长的尾喷管,其作用是使燃气能在其中膨胀加速而获得较大的推力。

2. 燃气涡轮发动机的核心机

压气机、燃烧室、燃气涡轮是发动机的核心组成部分,称为"核心机"。发动机的工作主要由核心机完成。核心机的工作过程大致如下:空气在压气机中被压缩后,进入燃烧室中与煤油混合烧燃,生成高温燃气去驱动燃气涡轮作高速旋转,涡轮再通过传动轴(即涡轮轴)带动压气机不断吸进空气并进行压缩,使核心机连续工作。在核心机工作时,进气道和尾喷管则分别起使空气顺利通过和排出燃气的作用。

按核心机出口(即燃气涡轮出口)后,燃气的可用能量的利用方式不同,燃气涡轮发动机分为涡轮喷气发动机、涡轮风扇发动机、涡轮螺旋桨发动机、涡轮轴发动机,简称"涡喷""涡扇""涡桨""涡轴"发动机。

3. 涡轮喷气发动机

"涡喷"发动机是利用核心机出口燃气的可用能量,在发动机尾喷管中转变成燃气的动能,以很高速度从喷口排出而产生推动力的一种涡轮发动机。

(1) 涡喷发动机的特点。航空涡轮喷气发动机具有燃气涡轮发动机的五个主要组成部分,可以将其视为燃气涡轮发动机的基本形式,而其他涡轮发动机是在其基础上增加一些部件而形成的。

涡喷发动机核心机与其他涡轮发动机相同。所不同的是尾喷管的设计应能满足燃气充分膨胀加速的要求,从而得到较大的推力。这种喷管以产生推力为主要作用,故称为推进喷管。常见的推进喷管为一收敛管道或先收敛后扩散管道,以利增大排气速度。

(2)涡喷发动机的加力燃烧室。在不增大核心机的情况下,为了短时间内增大发动机推力,可在涡轮和尾喷管之间加装加力燃烧室。装有加力燃烧室的涡喷发动机称为加力式涡喷发动机。加力燃烧室有自己的喷油嘴,在使用"加力"时喷出燃油与燃气混合再燃烧(由涡轮出来的燃气中仍有足够的空气供助燃),以提高燃气温度,使排气速度和流量都增大,即增大了推力。加力式涡喷发动机的尾喷口的截面积必须是可变的,以保证"加力"时喷口面积增大,使燃气能迅速流出而不影响压气机和涡轮的工作状态,这种喷口叫可调喷口。使用"加力"时,燃油消耗率增大很多(约一倍),温度也很高,所以只能短时间使用"加力"。

涡喷发动机转速高、推力大、直径小,主要适用于超声速飞行,缺点是耗油率高,特别是低转速时更大,故经济性差。此外,由于排气速度大,噪声也大。

4. 涡轮风扇发动机

涡扇发动机是推进喷管排出燃气和风扇加速空气共同产生推力的涡轮发动机,这种发动机在涡喷发动机组成部分的基础上,增加了风扇和驱动风扇的动力(自由)涡轮(也叫低压涡轮)(见图 3-21)。带动压气机的涡轮,即核心机的涡轮在此称为高压涡轮。

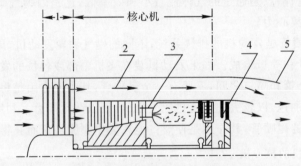

图 3-21　涡扇发动机组成示意图
1—风扇;2—外涵气流;3—内涵气流;4—动力涡轮;5—尾喷管

涡轮风扇发动机有内涵和外涵两个通道。空气经过风扇之后分成两路:一路是内涵气流,经低压压气机、高压压气机、燃烧室、高压涡轮、低压涡轮,燃气从喷管排出;另一路是外涵气流,风扇后空气经外涵道直接排入大气或同内涵燃气一起在喷管排出。也就是说,涡扇发动机可以是分开排气的或混合排气的,可以是短外涵的或长外涵(全涵道)的。通过外涵的空气质量流量和通过内涵的空气质量流量之比称为涵道比。风扇可作为低压压气机的第 1 级由低压涡轮驱动,也可以由单独的涡轮驱动。

涡扇发动机的推力由两部分组成:内涵产生的推力和外涵产生的推力。对于高涵道比涡扇发动机,风扇产生的推力占到 78% 以上。涡扇发动机的工作是以质量附加原理为基础的。

作为热机,发动机获得一定的机械能之后,将这部分可用能重新分配,将内涵的一部分可用能通过涡轮驱动风扇传递给外涵,增加发动机的总空气流量,减低排气速度,降低噪声,增大发动机推力,降低耗油率,这就是质量附加原理。

在高亚声速范围内与涡喷发动机相比较,涡扇发动机具有推力大、推进效率高、噪声低、燃油消耗率低等优点。涡扇发动机的缺点是风扇直径大,迎风面积大,因而阻力大,发动机结构复杂,其速度特性不如涡喷发动机。

5. 涡轮螺旋桨发动机

涡轮螺旋桨发动机是一种主要由螺旋桨提供拉力和由燃气提供少量推力的燃气涡轮发动机。这种发动机在涡喷发动机组成部分的基础上,增加了螺旋桨及其减速器等部件。作为飞机的动力装置,涡桨发动机主要由螺旋桨产生拉力,而燃气产生的推力很小。涡桨发动机组成如图 3-22 所示。

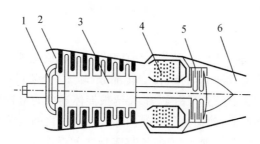

图 3-22　涡桨发动机组成示意图

1—螺旋桨减速器;　2—进气口;　3—压气机;　4—燃烧室;　5—燃气涡轮;　6—喷管

螺旋桨由涡轮轴通过减速器带动,其传动有两种方式。一种是由驱动压气机的涡轮轴直接带动,称为单轴式涡桨发动机,这种方式需涡轮输出更大的功率,因此涡轮级数较多。另外一种方式是驱动压气机的涡轮与驱动螺旋桨的涡轮分开,各由一根轴与压气机和螺旋桨减速器相连。涡桨发动机的工作过程与涡扇发动机相似,由核心机出来的燃气可用能量,大部分在通过动力涡轮时转变成轴功率用以带动螺旋桨产生拉力,小部分用于在尾喷管中加速气流而产生推力。

涡轮螺旋桨发动机与活塞式航空发动机相比,具有功率重量比大、震动小、耗油率低、高空性能好的优点;与涡喷、涡扇发动机相比也有耗油率低的优点。受螺旋桨不适合高速飞行的限制,涡桨发动机不宜用作高速飞机的动力装置。

6. 涡轮轴发动机

涡轴发动机是利用燃气通过动力涡轮输出功率的一种燃气涡轮发动机,已是现代直升机的主要动力装置。

涡轴发动机的组成部分和工作原理与涡桨发动机相同,只是核心机出口后,燃气的可用能量几乎全部转变成动力涡轮的轴功率,用以通过减速器带动直升机的旋翼和尾桨,因而燃气不提供推力。动力涡轮的输出轴可以由发动机前部伸出,也可以由后部伸出。

受直升机的旋翼和尾桨转速不能太大的限制,动力涡轮必须通过减速器才能带动旋翼和尾桨,涡轴发动机不能用于其他航空器。涡轴发动机与活塞式发动机相比较,具有功率大、功率重量比大、体积小的优点。因此涡轴直升机装载量、航程、升限、速度都比活塞式直升机大,经济性也更好。此外,由于涡轴发动机的运动部件较少,工作又是连续进行,所以振动也比活塞式发动机小。其缺点是构造较复杂,而且制造困难,成本也高,减速器系统又大大增加了重量。

3.2　无人机电池动力系统

电池动力系统由电机、电调、螺旋桨和电池四部分组成。

3.2.1　电机

直流电机按换相方式可分为直流有刷电机、直流无刷电机。直流有刷电机采用机械换相,存在机械摩擦、换相火花、维修困难等缺点;直流无刷电机采用电子换相,弥补了直流有刷电机的缺点,广泛地应用于无人机领域。

1. 直流有刷电机

(1)直流有刷电机的组成。图3-23所示的两极直流有刷电机的固定部分(定子)上装设了一对直流励磁的静止的主磁极N和S,在旋转部分(转子)上装设了电枢铁芯。定子与转子之间有一气隙。在电枢铁芯上放置了由A和X两根导体连成的电枢线圈,线圈的首端和末端分别连到两个圆弧形的铜片上,此铜片称为换向片。换向片之间互相绝缘,由换向片构成的整体称为换向器。换向器固定在转轴上,换向片与转轴之间亦互相绝缘。在换向片上放置着一对固定不动的电刷B1和B2,当电枢旋转时,电枢线圈通过换向片和电刷与外电路接通。

所有直流有刷电机的基本组件都是一样的,都是由定子、转子等组成的。

1)定子。定子主要起到电磁感应作用,用以产生磁场,以及起机械支撑作用,由主磁极、换向极、机座、端盖、刷架、电刷装置等部件组成。

Ⅰ.主磁极。主磁极由主磁极铁芯、励磁绕组组成,用于产生工作磁场。主磁极铁芯是用薄钢板冲制后叠装而成的,主磁极绕组是用电磁线(小型电机)或扁铜线(大中型电机)绕制而成的。主磁极是直流电机的电磁感应部分,其作用是改变励磁电流方向,可改变励磁磁场方向,产生恒定的气隙磁通。

Ⅱ.换向极。换向极是位于两个主磁极之间的小磁极,又称附加极,用于产生换向磁场,以减小电流换向时产生的火花,它由换向铁芯和换向极绕组组成。

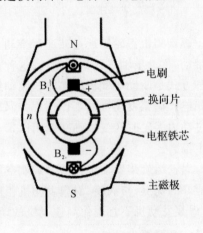

图3-23　直流有刷电机结构

Ⅲ.机座。机座是直流电机的机械支撑,用来固定主磁极、换向极和端盖。机座又是电机磁路的一部分,机座上作为磁路的部分称为磁轭。为保证机座的机械强度和导磁性能,机座通常采用铸铁或厚钢板焊接而成,或直接用无缝钢管加工而成。

Ⅳ.端盖。电机机座的两端各装一个端盖,用以保护电机免受外界损害,同时支撑轴承,固定刷架。端盖通常用铸铁制成。

Ⅴ.刷架。刷架是将电源的直流电引入旋转电枢的一个重要部件,由刷杆座、刷杆、刷握和电刷等组成。

Ⅵ.电刷装置。电刷装置由电刷、刷握、刷杆、压缩弹簧和铜丝瓣等组成。电刷一般用石墨粉压制而成,其作用是通过电刷与换向器表面的滑动接触,将直流电压、直流电流引入或引出电刷绕组,与换向片配合,完成直流与交流的互换。

2)转子(电枢)。转子的作用是产生电磁转矩和感应电动势,它是能量转换的枢纽,由电刷铁芯、电枢绕组、换向器、风扇、转轴等部件组成。

Ⅰ.电枢铁芯。电枢铁芯属于电机磁路的一部分,主要作用是导磁和嵌放电枢绕组,为减少电动机中的铁耗,常将电枢铁芯用 0.5 mm 厚的硅钢片叠压而成。

Ⅱ.电枢绕组。电枢绕组是电机的电路部分,其作用是产生感应电动势,通过电流产生电磁转矩,传送电磁功率,实现电机能量转换,是电机最关键的部件之一。电枢绕组由许多用绝缘导线绕组的线圈组成,各线圈以一定的规律焊接到各换向片上而连接成一个整体。

Ⅲ.换向器。换向器是直流电机的关键部件:在电机中和电刷一起将电机外的直流电流转换成绕组内的交流电流;在电机中和电刷一起将输入的直流电流转换成交流电流。

Ⅳ.转轴。转轴用来传递转矩。为了使电机可靠地运行,转轴一般用合金钢锻压加工而成。

Ⅴ.风扇。风扇用来散热,降低电机运行中的温升。

3)气隙。直流电机的气隙是指定子、转子之间的间隙。气隙是电机主磁极与电枢之间的间隙,小型电机气隙为 1～3 mm,大型电机气隙为 10～12 mm。气隙虽小,但是因为空气磁阻较大,在电机磁路系统中有重要作用,其大小、形状对电机性能有很大的影响。

(2) 直流有刷电机的工作原理。如图 3 - 24(a) 所示,电刷分别与两个半圆环 A,B 接触,这时两电刷之间输出的是直流电。电流方向是从 a 经过 b,c 到 d。这时线圈在磁极之间会受到力的作用,根据左手定则,从图(a)可以看出,线圈 ab 边受到一个向左的力 F,线圈 cd 边受到一个向右的力 F。线圈在力 F 的作用下会按逆时针方向旋转。

当线圈的 ab 边转到 S 极范围内时,cd 边就转到 N 极范围内[见图 3 - 24(b)],电流方向是从 d 经过 c,b 到 a,电流方向发生改变。根据左手定则,从图 4 - 24(b) 可以看出,线圈 ab 边受到一个向右的力 F,线圈 cd 边受到一个向左的力 F。线圈在力 F 的作用下会继续按逆时针方向旋转。由此可见,在转子旋转一圈中,线圈中的电流要进行一次换向,才能保证转子持续运转。

当线圈不停地旋转时,虽然与两个电刷接触的线圈边不停地变化,但是,切割磁力线的线圈两边 ab 和 cd 不断变换电流方向,以保证线圈受力为同一个方向,使电机能按一个方向持续旋转。

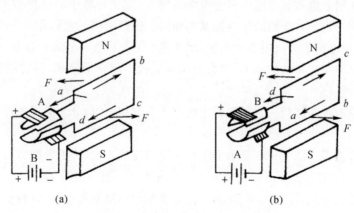

图 3 - 24　直流有刷电机工作原理图

(a)电流方向 $a→d$;　(b)电流方向 $d→a$

2. 直流无刷电机

(1)直流无刷电机的组成。直流无刷电机主要由用永磁材料制造的转子、带有线圈绕组的定子和位置传感器(可有可无)组成。

Ⅰ.定子。BLDCM(直流无刷电机)定子是由许多硅钢片经过叠压和轴向冲压而成的。每个冲槽内都有一定的线圈组成了绕组,如图3-25所示。从传统意义上讲,BLDCM 的定子和感应电机的定子有点类似,不过在定子绕组的分步上有一定的差别。大多数的 BLDCM 定子有多个呈星形排列的绕组。每个绕组又由许多内部结合的硅钢片按照一定的方式组成。偶数个绕组分布在定子的周围组成了偶数个磁极。

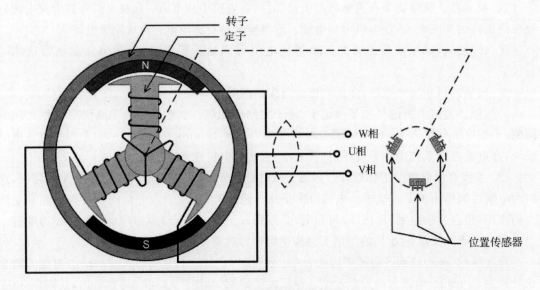

图 3-25 直流无刷电机模型

BLDCM 的定子绕组可以分为梯形和正弦波形两种绕组。它们的根本区别在于绕组不同的连接方式使它们产生的反电动势不同,分别呈现梯形和正弦波形,故用此命名。

Ⅱ.转子。转子是多对永磁体按照 N 极和 S 极交替排列在转子周围构成的(内转子型)。如果是外转子型 BLDCM,那么就是贴在转子内壁。

可见,直流无刷电机和直流电机有着很多共同点,定子和转子的结构差不多(原来的定子变为转子,转子变为定子),绕组的连线也基本相同。但是结构上它们有一个明显的区别:直流无刷电机没有直流电机中的换向器和电刷,取而代之的是位置传感器。这样,电机结构就相对简单,降低了电机的制造和维护成本,但直流无刷电机不能自动换相,牺牲的代价是电机控制器成本的提高。

(2)直流无刷电机的结构。直流无刷电机定子有三相绕组,分为星形连接方式和三角形连接方式。

Ⅰ.星形连接方式。图3-26 显示了定子绕组的连接方式(转子未画出),三个绕组通过中心的连接点以"Y"形的方式被连接在一起。整个电机就引出三根线 A,B,C。

Ⅱ.三角形连接方式。图3-27 显示了定子绕组的三角形连接方式(转子未画出),三个绕组通过 A 尾—C 头、B 尾—A 头、C 尾—B 头的方式被连接在一起。整个电机就引出三根线

A,B,C。

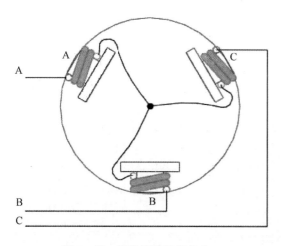

图 3 - 26　绕组星形连接方式

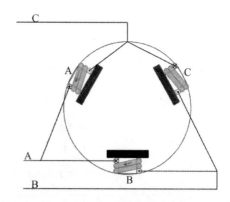

图 3 - 27　绕组三角形连接方式

(3)工作原理。无人机使用电机作为动力具有其他动力装置无法比拟的特点,如结构简单、重量轻、使用方便,可使无人机的噪声和红外特性很小,同时又能提供与内燃机不相上下的比功率。但缺点是抗风能力和续航能力比较弱。因此,它尤其适合作为低空、低速、微型无人机的动力。

民用无人机使用的动力电机可以分为两类:有刷电机和无刷电机。其中有刷电机在无人机领域已经不再使用。

下面介绍无刷电机的工作原理。

1)三相驱动桥。图 3 - 28 所示为无刷电机的三相全桥驱动电路,使用 6 个 N 沟道的MOSFET(金属-氧化物半导体场效应晶体管)管做功率输出元件,图中 $R_1/R_2/R_3$ 为 $Q_1/Q_2/Q_3$ 的上拉电阻,连接到二极管和电容组成的倍压整流电路,为上臂驱动管提供两倍于电源电压的上拉电平,使上臂 MOSFET 在工作时有足够高的压差,降低 MOSFET 大电流输出时的导通内阻。

$Q_1/Q_2/Q_3$ MOS 管的 G 极分别由 $Q_7/Q_8/Q_9$ 驱动,在工作时只起到导通换相的作用。$Q_4/Q_5/Q_6$ MOS 管由 MCU(微控制单元)的 PWM(脉冲宽度调制)输出口直接驱动。

C_8 是整个电调的电源滤波电容,使用中一定要接上,否则无刷电机的反电动势叠加在电源上不能被滤除,由倍压电路整流后的电压高达 30 V 左右,已接近 MOSFET 的 V_{GS} 上限,可能会损坏 MOSFET。

2)反电动势波形。图 3 - 29 所示为无刷电机运转中的理想反电动势波形,短斜线标出来的是反电动势的过零点。两个虚线间是 60°电气角度,不要理解成电机的机械角度。常用航模电机属于无刷三相六拍电机,每个电周期有 6 个状态。星形(Y 形)接法中在每一时刻电机的通电线圈只有两相,另一相线圈悬空,悬空的线圈会产生反电动势,反电动势来源于电机磁体旋转而造成本线圈切割磁力线和另两相线圈通电时的互感。由于电机转动的瞬时角速度呈梯形波动,产生的反电动势也相应地呈梯形变化。但这些不是重要的,我们需要的只是准确地检测出过零点,为换相做准备。看图 3 - 29 中的第 1 个电周期过零点数目,三个线圈在时间轴上共出现 6 次过零点,和电周期的节拍数目相同。我们所要做的是,只要检测到过零点,就需要给电机换相了。

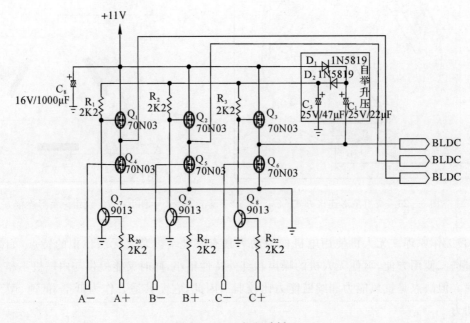

图 3 - 28 三相驱动桥

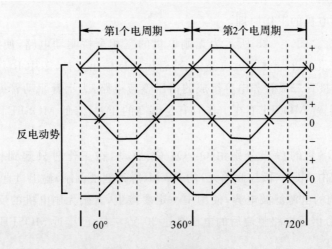

图 3 - 29 反电动势波形

(3)线圈换相的顺序。关于电机运行的换相步骤,需严格按照如图 3 - 30 所示的换相顺序,应用中需要调换电机的转动方向,只需把电机的任意两根相线对调即可。

(4)过零点的 30°电角度延迟。理想的反电动势波形和霍尔传感器输出波形对比如图 3 - 31 所示,从图中可看出,反电动势的过零点和霍尔传感器的波形翻转同步,如果用此反电动势过零信号进行程序换相会获得和有感无刷电机一样的运转性能。

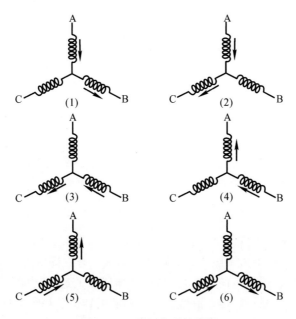

图 3-30　线圈换相的顺序

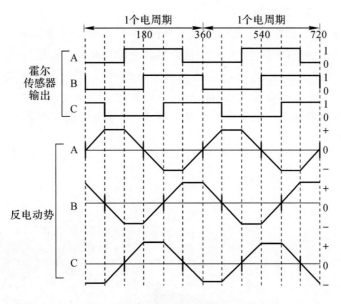

图 3-31　理想的反电动势波形和霍尔传感器输出波形对比图

实际的反电动势波形和霍尔传感器波形对比如图 3-32 所示,实线为霍尔传感器的输出波形,虚线是反电动势的波形,短竖线为反电动势的过零点,时间轴的方向为从左往右,可以得知反电动势的过零点比霍尔传感器的输出波形提前了半个电节拍,即 30°电角度。为了能够在正确的时刻才换相,需要在检测到反电动势过零点后延迟 30°电角度之后,才进行换相。究竟延迟多长时间才够 30°电角度时间呢? 需要对相邻两个过零点之间的时间进行计时,因为无刷电机的转速是会变化的,相应的电周期也会变化。用定时器得到计时值后除以 2 就是当前电机转速下的 30°电角度延迟时间值,把此时间值装入一个定时器,并打开该定时器中断,等延时完毕进中断即可完成电机换相。

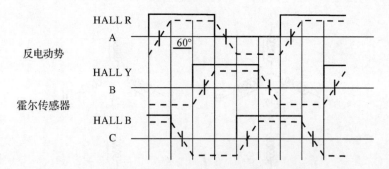

图 3-32　实际的反电动势波形和霍尔传感器输出波形对比图

3.空心杯电机

(1)空心杯电机的基本结构。空心杯电机的结构组成为振子、定子组件、电枢组件、端盖组件等,如图 3-33 所示。定子由永磁体、壳体、法兰组成。外壳提供了恒定的磁场,使电机无铁损耗。没有软磁性牙齿。所产生的转矩是均匀的,即使在低速下也能使运行平稳。在较高的速度下,电机能减少振动,减少噪声。有绕组和换向器的转子。绕组通过所谓的换向板连接到轴上。线圈在磁铁和外壳之间的气隙中运动。换向系统使用一对贵金属刷减少了电刷火花。减少的电刷火花产生较少的电磁排放。

(2)空心杯电机的工作原理。无刷空心杯电机由一个三相空心杯绕组、一个稀土永磁性材料制成的磁缸以及无传感器的电子换向电路组成。空心杯直流无刷电机保持着直流有刷电机的优良机械及控制特性,在电磁结构上与直流有刷电机一样,但它的电枢绕组放在定子上,转子上放置永久磁钢。空心杯直流无刷电机的电枢绕组像交流电机的绕组一样,采用多相形式,经由逆变器接到直流电源上。定子采用位置传感器或无位置传感器技术实现电子换向代替直流有刷电机的电刷和换向器。各项逐次通电产生电流和转子磁极主磁场相互作用,产生转矩,使电机旋转。

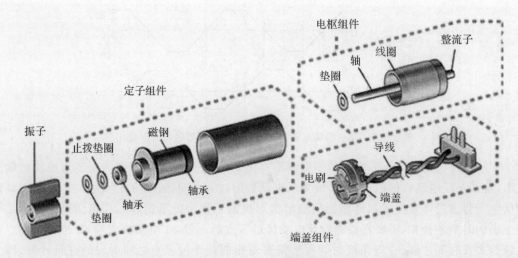

图 3-33　空心杯电机的结构

(3)空心杯电机特点。

1)空心杯电机属于直流、永磁、伺服微特电机,空心杯电机如图 3-33 所示。空心杯电机在结构上突破了传统电机的转子结构形式,采用的是无铁芯转子。这种转子结构彻底消除了由于铁芯形成涡流而造成的电能损耗,同时其重量和转动惯量大幅降低,从而减少了转子自身的机械能损耗。

2)空心杯电机具有突出的节能特性、灵敏方便的控制特性和稳定的运行特性,作为高效率的能量转换装置,代表了电机的发展方向。

3)空心杯电机分为有刷和无刷两种,有刷空心杯电机转子无铁芯,无刷空心杯电机定子无铁芯。绕组采用三角形接法。

图 3-34　空心杯电机

图 3-35　直流无刷电机

4. 常用参数

电机常用的参数:T 数,kV 值,尺寸,直流无刷电机如图 3-35 所示。

电机 T 数:线圈绕了多少圈的意思,例如线圈绕了 21 圈,则称为 21T。无刷电机因为结构限制,常见都是从输入端开始,结束于另外一侧,因此常见都是多半圈,于是大多数都是 4.5T,8.5T,21.5T 这样的。

kV 值:kV 值是指转速/V,意思为输入电压增加 1 V,无刷电机空转转速增加的转速值。例如:1 000 kV 电机,外加 1 V 电压,电机空转时每分钟转 1 000 转,外加 2 V 电压,电机空转就 2 000 转了。单从 kV 值,不可以评价电机的好坏,因为不同 kV 值有不同的适用不同尺寸的桨,绕线匝数多的,kV 值低,最高输出电流小,但扭力大,上大尺寸的桨;绕线匝数少的,kV 值高,最高输出电流大,但扭力小,上小尺寸的桨。

尺寸:电机四个数字的含义,2212 电机、2018 电机等等,这表示电机的尺寸。不管什么牌子的电机,具体都要对应 4 位这类数字,其中前面 2 位是电机转子的直径,后面 2 位是电机转子的高度。注意,不是外壳。简单来说,前面 2 位越大,电机越大,后面 2 位越大,电机越高。又高又大的电机,功率就更大,适合做大四轴。通常 2212 电机是最常见的配置了。

3.2.2　电调

动力电机的调速系统统称为电调,全称为电子调速器,针对动力电机不同,可分为有刷电调和无刷电调。无刷电调如图 3-36 所示。

电调的作用就是将飞控板的控制信号,转变为电流的大小,以控制电机的转速。因为电机的电流是很大的,通常每个电机正常工作时,平均有 3 A 左右的电流,如果没有电调的存在,飞控板根本无法承受这样大的电流(另外也没驱动无刷电机的功能)。同时电调在四轴当中还充当了电压变化器的作用,将 11.1 V 的电压变为 5 V 为飞控板和遥控器供电。

图 3-36　无刷电调

对于它们的连接,一般情况下:电调的输入线与电池连接;电调的输出线(有刷两根,无刷三根)与电机连接;电调的信号线与接收机连接。

另外,电调一般有电源输出功能,即在信号线的正负极之间有 5 V 左右的电压输出,通过信号线为接收机及舵机供电。

电调都会标上多少安,如 20 A,40 A,这个数字就是电调能够提供的电流。大电流的电调可以兼容用在小电流的地方。小电流电调不能超标使用。常见新西达 2212 加 1045 桨最大电机电流有可能达到了 5 A,为了保险起见,建议这样配置用 30 A 或 40 A 电调(大家用 20 A 电调的也多),说买大一点,以后还可以用到其他地方去。

3.2.3　螺旋桨

1. 正反桨

四轴飞行为了抵消螺旋桨的自旋,相邻的桨旋转方向是不一样的,所以需要正反桨。正反桨的风都向下吹。适合顺时针旋转的桨叫正桨,适合逆时针旋转的桨叫反桨。安装的时候,一定记得无论正反桨,有字的一面是向上的(桨叶圆润的一面要和电机旋转方向一致)。

2. 桨的材质

桨的材质主要分为塑胶桨、碳纤桨、木桨。

(1)塑胶桨。塑胶桨缺点是桨身软,大载重、高速、大拉力时会轻微变形,产生颤振。塑胶桨如图 3-37 所示。

(2)碳纤桨。碳纤桨的材料为碳纤维。优点是硬度高、刚度高、不变形、效率高、颤振小。缺点是价格高,极脆,碰到硬物易受损。碳纤桨如图 3-38 所示。

(3)木桨。木桨的材料多为榉木,硬度高、重量轻,经过风干打蜡上漆以后不怕受潮。优点是振动小,无颤振,价格平衡。缺点是效率比塑胶桨和碳纤桨低。木桨如图 3-39 所示。

3. 桨的性能指标

(1)桨径。桨径是指桨转动所形成的圆的直径,而不是桨叶的总长度。桨径越大,效率越高。对于双叶桨桨径就是两片桨叶之和;对于单叶桨,直径是桨叶长度的两倍;对于三叶桨,直径就不是桨叶之和了。

（2）螺距。螺距是指桨旋转一周前进的距离。

螺旋桨安装在电机上，多旋翼无人机安装的都是不可变总距的螺旋桨。桨的指标是 4 位数字，前面 2 位代表桨的直径（单位：英寸），后面 2 位是桨的螺距。桨径和螺距越大，桨能提供的拉力或推力越大。多旋翼无人机安装的螺旋桨如图 3-40 所示。

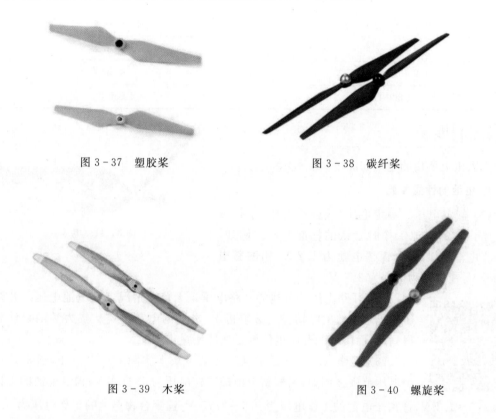

图 3-37　塑胶桨　　　　　　　　　　　图 3-38　碳纤桨

图 3-39　木桨　　　　　　　　　　　图 3-40　螺旋桨

（3）转速。转速是指螺旋桨每分钟转动的圈数，螺旋桨转动时要求不超过最高允许转速，即安全转速。

（4）桨叶数量。桨叶数量是指螺旋桨叶片的数量。小型飞机需要的推力小，一般为双叶片单螺旋桨；大中型飞机需要的推力大，一般使用三叶片以上多螺旋桨；桨叶越少，螺旋桨效率越高。

4. 桨的搭配

电机与螺旋桨的搭配：螺旋桨越大，升力就越大，但对应需要更大的力量来驱动；螺旋桨转速越高，升力越大；电机的 kV 值越小，转动力量就越大；

综上所述，大螺旋桨就需要用低 kV 值电机，小螺旋桨就需要高 kV 值电机（因为需要用转速来弥补升力不足）。如果高 kV 值带大桨，力量不够，那么就很困难，实际还是低速运转，电机和电调很容易烧掉。如果低 kV 值带小桨，完全没有问题，但升力不够，可能造成无法起飞。

对于电机需要使用对应的螺旋桨，表 3-1 中列出了几种电机与桨的选择。

表 3 - 1　电机与桨的选择

电机/kV	桨
800～1 000	11～10 in 桨
1 000～1 200	10～9 in 桨
1 200～1 800	9～8 in 桨
1 800～2 200	8～7 in 桨
2 200～2 600	7～6 in 桨
2 600～2 800	6～5 in 桨
2 800 以上	4 530 桨

3.2.4　电池

无人机上所用的电池如图 3 - 31 所示。

1. 电池的性能参数

（1）额定电压。额定电压（或公称电压）系指该电化学体系的电池工作时公认的标准电压。例如，锌锰干电池为 1.5 V，镍镉电池为 1.2 V，铅酸蓄电池为 2 V，锂聚合物电池为 3.7 V。

图 3 - 41　电池

（2）开路电压。电池的开路电压是无负荷情况下的电池电压。开路电压不等于电池的电动势。必须指出，电池的电动势是从热力学函数计算而得到的，而电池的开路电压则是实际测量出来的。

（3）工作电压。它是指电池在某负载下实际的放电电压，通常是指一个电压范围。例如，铅酸蓄电池的工作电压为 2～1.8 V；镍氢电池的工作电压为 1.5～1.1 V；锂离子电池的工作电压为 3.6～2.75 V；锂聚合物电池的工作电压为 3.7～4.2 V。

（4）充电电压。充电电压系指外电路直流电压对电池充电的电压。一般的充电电压要大于电池的开路电压，通常在一定的范围内。例如，镍镉电池的充电压为 1.45～1.5 V；锂离子电池的充电压为 4.1～4.2 V；铅酸蓄电池的充电压为 2.25～2.5 V。

（5）阻抗。电池内具有很大的电极-电解质界面面积，故可将电池等效为一大电容与小电阻、电感的串联回路。但实际情况复杂得多，尤其是电池的阻抗随时间和直流电平而变化，所测得的阻抗只对具体的测量状态有效。

（6）容量。电池的容量单位为库仑（C）或安时（A·h）。表征电池容量特性的专用术语有三个：

1）理论容量：系指根据参加电化学反应的活性物质电化学当量数计算得到的电量。通常，理论上 1 电化当量物质将放出 1 法拉第电量，即 96 500C 或 26.8A·h（1 电化当量物质的量，等于活性物质的相对原子量或相对分子量除以反应的电子数）。

2）额定容量：系指在设计和生产电池时，规定或保证在指定放电条件下电池应该放出的最低限度的电量。

3) 实际容量:系指在一定的放电条件下,即在一定的放电电流和温度下,电池在终止电压前所能放出的电量。

电池的实际容量通常比额定容量大 10%～20%。

电池容量的大小,与正、负极上活性物质的数量和活性有关,也与电池的结构、制造工艺和电池的放电条件(电流、温度)有关。影响电池容量因素的综合指标是活性物质的利用率。换言之,活性物质利用得越充分,电池给出的容量也就越高。

活性物质的利用率可以定义为

$$利用率 = \frac{电池实际容量}{电池理论容量} \times 100\%$$

或

$$利用率 = \frac{活性物质理论用量}{活性物质实际用量} \times 100\%$$

(7) 比能量和比功率。电池的输出能量是指在一定的放电条件下,电池所能做的电功,它等于电池的放电容量和电池平均工作电压的乘积,其单位常用瓦时($W \cdot h$)表示。

电池的比能量有两种。一种叫重量比能量,用瓦时/千克($W \cdot h/kg$)表示;另一种叫体积比能量,用瓦时/升($W \cdot h/L$)表示。比能量的物理意义是电池为单位重量或单位体积时所具有的有效电能量。它是比较电池性能优劣的重要指标。

需要说明的是,单体电池和电池组的比能量是不一样的。由于电池组合时总要有连接条、外部容器和内包装层等,故电池组的比能量总是小于单体电池的比能量。

电池的功率是指在一定的放电条件下,电池在单位时间内所能输出的能量。单位是瓦(W)或千瓦(kW)。电池的单位重量或单位体积的功率称为电池的比功率,它的单位是瓦/千克(W/kg)或瓦/升(W/L)。如果一个电池的比功率较大,则表明在单位时间内,单位重量或单位体积中给出的能量较多,即表示此电池能用较大的电流放电。因此,电池的比功率也是评价电池性能优劣的重要指标之一。

(8) 贮存性能和自放电。电池经过干贮存(不带电解液)或湿贮存(带电解液)一定时间后,其容量会自行降低,这个现象称自放电。所谓"贮存性能"是指电池开路时,在一定的条件(如温度、湿度)下贮存一定时间后自放电的大小。

电池在贮存期间,虽然没有放出电能量,但是在电池内部总是存在着自放电现象。即使是干贮存,也会由于密封不严,进入水分、空气及二氧化碳等物质,使处于热力学不稳定状态的部分正极和负极活性物质构成微电池腐蚀机理,自行发生氧化还原反应而白白消耗掉。如果是湿贮存,更是如此。长期处在电解液中的活性物质也是不稳定的。负极活性物质大多是活泼金属,都会发生阳极自溶。酸性溶液中,负极金属是不稳定的,在碱性溶液及中性溶液中也非十分稳定。

电池自放电的大小,一般用单位时间内容量减少的百分比表示,即

$$自放电 = \left(C_\circ - \frac{C_t}{C_\circ t}\right) \times 100\%$$

式中，C_0 为贮存前电池容量，$A \cdot h$；C_t 为贮存后电池容量，$A \cdot h$；t 为贮存时间，用天、周、月或年表示。

自放电的大小，也能用电池贮存至某规定容量时的天数表示，称为贮存寿命。贮存寿命有两种，即干贮存寿命和湿贮存寿命。对于在使用时才加入电解液的电池贮存寿命，习惯上也称为干贮存寿命。干贮存寿命可以很长。对于出厂前已加入电解液的电池贮存寿命，习惯上称为湿贮存寿命（或湿荷电寿命）。湿贮存时自放电严重，寿命较短。如银锌电池的干贮存寿命可达 5～8 年，但它的湿贮存寿命通常只有几个月。

（9）寿命。电池的寿命有"干贮存寿命"和"湿贮存寿命"两个概念。必须指出，这两个概念仅是针对电池自放电大小而言的，并非电池的实际使用期限。电池的真正寿命是指电池实际使用的时间长短。

对一次电池而言，电池的寿命是表征给出额定容量的工作时间（与放电倍率大小有关）。

对二次电池而言，电池的寿命分充放电循环寿命和湿搁置使用寿命两种。

充放电循环寿命，是衡量二次电池性能的一个重要参数。经受一次充电和放电，为一次循环（或一个周期）。在一定的充放电制度下，电池容量降至某一规定值之前，电池能耐受的充放电次数，称为二次电池的充放电循环寿命。充放电循环寿命越长，电池的性能越好。在目前常用的二次电池中，镍镉电池的充放电循环寿命为 500～800 次，铅酸电池为 200～500 次，锂电池为 600～1 000 次，锌银电池很短，只有 100 次左右。

二次电池的充放电循环寿命与放电深度、温度、充放电制式等条件有关。所谓"放电深度"是指电池放出的容量占额定容量的百分数。减少放电深度（即"浅放电"），二次电池的充放电循环寿命可以大大延长。

湿搁置使用寿命，也是衡量二次电池性能的重要参数之一。它是指电池加入了电解液后开始进行充放电循环直至充放电循环寿命终止的时间（包括充放电循环过程中电池处于放电态湿搁置的时间）。湿搁置使用寿命越长，电池性能越好。在目前常用的电池中，镍镉电池湿搁置使用寿命为 2～3 年，铅酸电池为 3～5 年，锂电池为 5～8 年，锌银电池最短，只有 1 年左右。镍镉电池如图 3 - 42 所示。

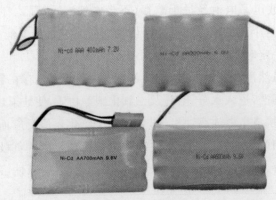

图 3 - 42　镍镉电池

2. 无人机常用电池的类型

无人机上常用的电池类型有锂聚合物电池(见图 3-43)、镍氢电池(见图 3-44)、锂离子电池(见图 3-44)锂离子电池(见图 3-45)和铅酸蓄电池(见图 3-46)。其中使用最多的就是锂聚合物电池,下面做简单介绍:

锂离子电池的正极材料通常由锂的活性化合物组成,负极则是特殊分子结构的碳。常见的正极材料主要成分为 $LiCoO_2$,充电时,加在电池两极的电势迫使正极的化合物释出锂离子,嵌入负极分子排列呈片层结构的碳中。放电时,锂离子则从片层结构的碳中析出,重新和正极的化合物结合。锂离子的移动产生了电流。

图 3-43　锂聚合物电池

图 3-44　镍氢电池

图 3-45　锂离子电池

图 3-46　铅酸蓄电池

虽然锂离子电池很少有镍镉电池的记忆效应,记忆效应的原理是结晶化,在锂电池中几乎不会产生这种反应;但是,锂离子电池在多次充放后容量仍然会下降,其原因是复杂而多样的,主要是正负极材料本身的变化:从分子层面来看,正负极上容纳锂离子的空穴结构会逐渐塌陷、堵塞;从化学角度来看,是正负极材料活性钝化,出现副反应生成稳定的其他化合物。物理上还会出现正极材料逐渐剥落等情况,总之最终降低了电池中可以自由在充放电过程中移动的锂离子数目。

过度充电和过度放电,将对锂离子电池的正负极造成永久的损坏,从分子层面看,可以直观地理解:过度放电将导致负极碳过度释出锂离子而使得其片层结构出现塌陷,过度充电将把太多的锂离子硬塞进负极碳结构里去而使得其中一些锂离子再也无法释放出来。这也是锂离子电池通常配有充放电的控制电路的原因。

不适合的温度,将引发锂离子电池内部其他化学反应生成我们不希望看到的化合物,所以在不少的锂离子电池正负极之间设有保护性的温控隔膜或电解质添加剂。在电池升温到一定的情况下,复合膜膜孔闭合或电解质变性,电池内阻增大直到断路,电池不再升温,确保电池充电温度正常。

总而言之,电池在使用过程中应注意以下几点:

(1) 每次使用建议单片放电电压下限为 3.6 V,最好每次使用时保证充满(单片电压 4.2 V)后使用至 3.6 V 再进行充电。

(2) 每次使用后保证电池冷却后再进行充电。

(3) 一段时间可做一次保护电路控制下的深充放以修正电池的电量统计,但这不会提高电池的实际容量。

(4) 长期不用的电池,应放在阴凉的地方以减弱其内部自身钝化反应的速度。

(5) 避免过充过放。

(6) 保护电路也无力监控电池的自放电,长期不用的电池,应充入一定的电量以防电池在存贮中自放电过量导致过度放电的损坏。

(7) 过充、过放是电池损坏的最常见形式,单节过充电压为 4.25 V,过放电压为 2.75～2.8 V,一般充至 4.2 V,放至 3.6 V。

(8) 保证电池的温度≤65 ℃。

(9) 长期存贮时,应把电池单片电压放电至 3.8～3.9 V。

(10) 可重复充放使用 50～100 次。

镍氢电池使用注意事项:

(1) 镍氢电池可进行充放电 500 次;

(2) 记忆效应比较严重,尽量在完全没电时才进行充电,以延长使用寿命;

(3) 镍镉电池在 10 次左右的充放电循环之后,进行一次过充电,即延长充电时间比正常充电时间延长一倍左右;

(4) 镍镉电池长期不用时无须充电保存,将电池放电至终止电压后封装存放在原包装纸盒,或用布、纸包装后置于干燥、通风处存放。

3.2.5 太阳能电池

太阳能电池是通过光电效应或者光化学效应直接把光能转化成电能的装置。

当太阳光照射到半导体上时,其中一部分被表面反射掉,其余部分被半导体吸收或透过。被吸收的光,当然有一些变成热,另一些光子则同组成半导体的原子价电子碰撞,于是产生电子-空穴对。这样,光能就以产生电子-空穴对的形式转变为电能。

只要被光照到,瞬间就可输出电压及电流,在物理学上称为太阳能光伏,又称为"光伏电池"。以光电效应工作的薄膜式太阳能电池为主流,而以光化学效应工作的湿式太阳能电池则还处于萌芽阶段。近年来,伴随太阳能电池技术的进步和应用,太阳能产业得以迅速发展。

目前,美、俄、英、日等国均已研制出太阳能无人机。太阳能无人机无需携带燃料,具有续航时间长、使用灵活、运行成本低等优点,它可快速飞抵战区,成为执行高空侦察、监视、情报作战、通信中继等任务的理想空中平台。太阳能无人机如图 3-47 所示。

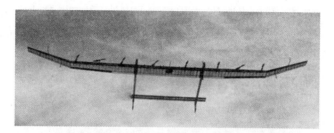

图 3-47　太阳能无人机

与传统飞机相比,太阳能无人机无需携带任何燃料,利用太阳能电池产生的电量即可供飞机远距离飞行,夜间也能依靠白天储存的太阳能持续飞行。正因如此,太阳能无人机拥有十分广阔的应用前景。

3.2.6　氢燃料电池

氢燃料一般指的是液态氢燃料。氢燃料电池基本工作原理是将氢气送到燃料电池的阳极板(负极),经过催化剂(铂)的作用,氢原子中的一个电子被分离出来,失去电子的氢离子(质子)穿过质子交换膜,到达燃料电池阴极板(正极),与氧原子和氢离子重新结合为水。由于供应给阴极板的氧,可以从空气中获得,因此只要不断地给阳极板供应氢,

图 3-48　氢燃料电池无人机

给阴极板供应空气,并及时把水(蒸气)带走,就可以不断地提供电能。

氢燃料电池动力来自于氢气的化学能转化为电能,同时,氢燃料储气瓶的能量密度远远大于锂电池,因此使用氢燃料电池的无人机相比锂电池无人机,氢燃料电池明显具有长续航、生命周期内性能衰减小、氢气加注时间短等优势。而锂电池多轴无人机续航时间普遍为 30~60 min,而且充电时间长,电池性能随着使用时间增长会有所下降。与油动无人机相比,除续航长外,还环保,因为氢燃料排放物只有纯净水,这是油动无人机所不能比拟的。氢燃料电池无人机如图 3-48 所示。

3.3　无人机油电混合动力系统

3.3.1　概述

常用的小型无人机多以纯电动或者纯燃油发动机提供动力,纯电动无人机优点是易操控,稳定性高,缺点是续航能力差。纯油动无人机优点是续航能力强,缺点是不易操控,稳定性差。要使无人机既具有稳定性高,又具有续航能力强等优点,就要将电动动力系统和燃油动力系统

二者结合起来,这就是油电混合动力系统。

　　油电混合动力系统是指油动和电动通过某种方式组合在一起并发挥某种优势性能的复合动力系统。油电混合动力系统由电驱动(太阳能或蓄电池)和常规发动机(活塞式发动机或燃气涡轮发动机)两种动力系统构成,以实现良好的起飞、爬升性能和静音、超长航时的结合。油电混合动力系统无人机如图 3 - 49 所示。

图 3 - 49　油电混合动力系统无人机

　　相比纯油动力系统无人机,油电混合动力系统无人机具有能量效率高、续航时间长、系统更安全更可靠等优点。相比纯电动力系统无人机,油电混合动力系统无人机具有续航时间长,系统更安全更可靠等优点。

3.3.2　基本结构

　　油电混合动力系统是指由两种以上能源(燃油和电池)提供动力的系统,其关键部件包括发动机、电机、螺旋桨、电池等,如图 3 - 50 所示。

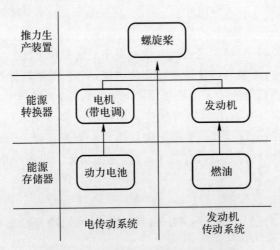

图 3 - 50　油电混合动力系统基本部件

　　目前,油电混合动力系统的基本结构按照连接方式的不同可分为三类:串联式油电混合动力系统、并联式油电混合动力系统和混联式油电混合动力系统。

1. 串联式油电混合动力系统

串联式油电混合动力系统如图 3-51 所示。发动机只驱动发电机为电池和电动机驱动供电,而不与减速传动或驱动执行装置直接相连,发动机通过连接发电机将机械能转化成电能,电机驱动旋翼提供升力并控制飞行。优点是结构简单,控制容易,体积小而且稳定,另外系统可以保持发动机始终在最佳转矩和转速范围内运转,可以保护发动机轴,延长发动机使用寿命,缺点是整个动力系统能量效率低。

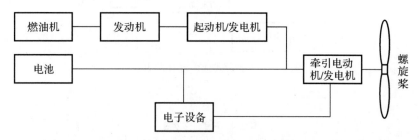

图 3-51 串联式油电混合动力系统

2. 并联式油电混合动力系统

并联式油电混合动力系统如图 3-52 所示。并联式混合动力系统通过机械联动装置将两种或两种以上动力源结合到一起为同一驱动轴提供动力,发动机与电动机均可以单独驱动螺旋桨,也可以使用力矩混合装置实现两者结合驱动。与串联式混合动力系统不同,并联式混合动力系统允许发动机和电动机同时驱动,实现发动机或电动机单独工作。此外,并联式混合动力系统还可以通过发电机来平衡发动机所受的载荷,使发动机在最佳工况点附近运行,从而将发动机的多余能量通过发电机储存到电池中,使动力系统能量损失最小,能最大限度地降低燃油消耗。并联式混合动力系统优点是系统效率高,系统所需的发动机和电机尺寸更小,质量更轻,缺点是控制系统相对较为复杂、成本较高。

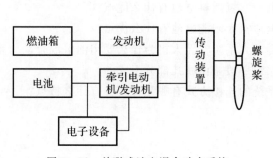

图 3-52 并联式油电混合动力系统

3. 混联式油电混合动力系统

混联式油电混合动力系统如图 3-53 所示。发动机和电动机共同为整个动力系统提供动力,发动机驱动发电机发电,同时驱动主螺旋桨产生升力。发电机为电池充电使电机转动驱动辅助旋翼,控制飞行。优点是该动力系统能量分流很合理,燃油经济性和效率较高,可靠性较高,缺点是对控制系统要求较高,整个动力系统结构比较复杂且体积较大,整体质量重。

在这三种油电混合基本结构中,并联式结构是无人机相关领域中研究最多、应用最广的配置方案。

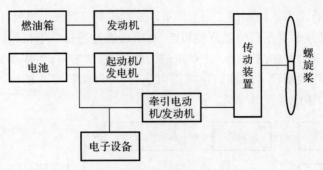

图 3-53　混联式油电混合动力系统

思　考　题

1. 无人机的动力类型有哪些？目前主流的民用无人机采用的动力系统有哪些？
2. 简述四冲程发动机的工作原理。
3. 简述燃气涡轮发动机的组成。
4. 燃烧室有什么功用？它有哪些类型？
5. 电池动力装置由哪几个部分组成？
6. 无人机无刷电机有哪些常用参数？各有什么含义？
7. 无人机电机与螺旋桨之间是如何搭配的？在组装时应如何选择电机和螺旋桨？
8. 无人机常用的电池有哪些类型？
9. 无人机上使用的电池的性能参数有哪些？
10. 简述空心杯电机的基本结构组成。
11. 什么是氢燃料电池？氢燃料电池有什么优点？
12. 什么是太阳能电池？太阳能电池有什么优点？
13. 什么是油电混合动力系统？无人机为什么要用油电混合动力系统？
14. 油电混合动力系统一般是由哪几部分组成的？
15. 油电混合动力系统的连接方式有哪几种？各有什么特点？

第4章 无人机导航飞控系统

内容提示

导航飞控系统是无人机的关键核心系统之一。本章将着重讲述飞控系统、导航系统、舵机、传感器、遥控器等设备的组成、工作原理、性能参数及应用等知识。

教学要求

(1)掌握无人机飞控系统的组成及工作原理;

(2)掌握无人机导航系统的分类及应用,了解无人机导航系统的组成及导航定位原理;

(3)掌握无人机传感器的种类及应用,了解舵机的构造、参数及控制原理;

(4)掌握遥控器的组成及用途;

(5)有意识培养学生的敬业精神、团队意识和职业操守。

内容框架图

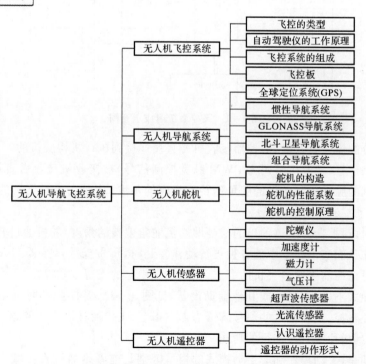

4.1 无人机飞控系统

4.1.1 简述

飞控即飞行控制系统,是控制飞行器飞行姿态和运动的中枢设备,也称自动驾驶仪。大部分的无人直升机控制系统包括 3 个部分:遥控器、飞行控制系统和动作执行机构,其中遥控器包括发射机和接收机两个部分,在辅助级飞行控制系统中主要负责操作指令的输入和接收,并负责手动状况的飞行器控制;大部分无人机飞行控制系统是结合 6 自由度惯性测量单元、GPS 导航接收机、磁航向计、气压高度计、转速传感器、数字信号处理器、ARM 处理器、电源适配器等单元组成,主要负责感知飞机的各种状态并做导航计算和控制输出,是飞行控制系统的核心组成部分;动作执行机构包括舵机及相关连杆等。无人机的控制系统架构组成及各单元关系如图 4-1 所示。

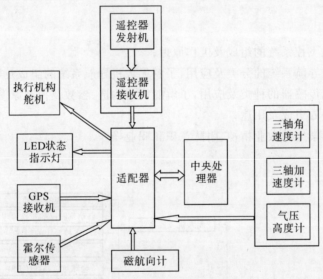

图 4-1 飞控系统组成示意图

对于大部分的遥控直升机,遥控器接收机是直接连接到执行机构舵机的。此时,遥控器各通道输出的控制信号(接收机解码为 PWM 脉宽控制信号)被接收机接收后直接输出到舵机,舵机根据接收到的脉宽控制舵机的舵角偏转至相应的角度,从而完成对飞机的直接控制即遥控控制(也称手动控制,见图 4-2)。

手动控制时,遥控器各通道输出的信号即舵机舵角偏转的角度,舵机通过转动舵角直接控制飞行器的动作从而实现在空中的各种飞行动作。此时,负责操控遥控器的人需要时刻根据飞机的状态通过遥控器来调整飞机的姿态,从而实现稳定的飞行或悬停。

在非手动模式下(即有飞控或其他辅助设备,见图 4-3),遥控器发射机输出的信号被接收机接收后输往飞控,飞控把这些信号解读为操作指令,飞控通过嵌入式的程序解读后做出飞行控制,从而起到增稳或自动飞行的功能。

值得强调的是,手动模式和非手动模式的根本区别是前者是通过直接操作飞行器的舵面来控制飞行器的,这种模式控制的是飞行器的飞行动作(如俯仰、滚转、偏航等),后者把遥控器的信号解读为控制指令,控制的是飞行器的运动矢量(即前后飞行的速度、爬升/下降的速度、偏航的速度等)。

因此,在不安装飞控(或其他辅助设备)的飞行器上是只能实现手动控制的,而在安装有飞控的飞行器上亦保留了手动操控的模式;此时飞控不对遥控器接收机送来的信号作处理而直接输出到接收机(需要作混控处理的飞控或辅助设备除外),从而实现对飞行器动作的直接控制。

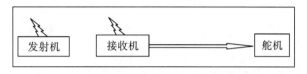

图 4-2　遥控模式的连线方法(手动控制)

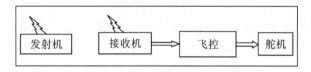

图 4-3　飞控控制的连线方法(非手动模式)

4.1.2　飞控的类型

自动驾驶仪最常用的分类方法是按控制律来区分。所谓控制律通常是指自动驾驶仪输出的舵偏角与信号的静动态函数关系。按这种分类方法,可分为比例式自动驾驶仪、积分式自动驾驶仪和均衡式反馈自动驾驶仪(比例加积分控制律的自动驾驶仪)三种。

其次也可以按自动驾驶仪三种主要部件(传感器,计算与放大元件以及舵机)的能源来分,这时可以分为气动式(早期应用过)、气动液压式、电动式以及电动液压式。

如果按处理信号,实现控制律是采用连续信号,还是中间经过数字化再转换成为模拟信号来区分,可以分为模拟式与数字式两种。

1. 比例式自动驾驶仪

以俯仰通道为例,升降舵偏角增量与飞机俯仰角偏差成比例的自动控制器称为比例式自动驾驶仪。比例式自驾仪控制回路如图 4-4 所示。

$$\delta_{\Delta e} = L_{\theta}(\Delta\theta - \Delta\theta_g)\text{(产生控制力矩)}$$

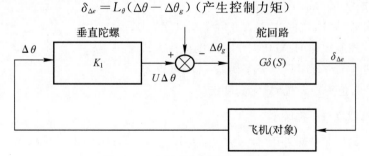

图 4-4　比例式自驾仪控制回路

其工作原理是:设飞机处于等速水平直线飞行状态。受某干扰后,出现俯仰角偏差 $\Delta\theta = \theta - \theta_0$($\theta_0$ 为初始俯仰角,假设为零)。垂直陀螺仪测出偏差角,输出与 $\Delta\theta$ 成比例的电压信号,假设外加控制信号为 0,则经综合装置加到舵回路,舵回路的输出驱动升降舵偏转 $\delta_{\Delta e}$,产生的气动力矩使 $\Delta\theta$ 角逐渐减小。适当选择参数 L_θ,可保证时 $\Delta\theta \to 0$,$\delta_{\Delta e}$ 也 $\to 0$。

如果存在常值力矩干扰 M_f,飞机稳定后必然存在一个 δ_{Δ_e} 抵消 M_f 的影响,所以会产生一个姿态角静差。由控制规律可以得到姿态角静差的大小为

$$\Delta\theta - \Delta\theta_g = \frac{Mf}{(Q_0 Sb \mid C_m \delta_{\Delta e} \mid L_\theta)}$$

上式表明:有干扰力矩 M_f,俯仰角增量 $\Delta\theta$ 与要求的控制增量 $\Delta\theta_g$ 不再一致,出现的误差($\Delta\theta - \Delta\theta_g$)与干扰力矩 M_f 成正比,与传递系数 L_θ 成反比。增大 L_θ 可减小这一误差。

一阶微分信号在比例式控制规律中的作用:(产生阻尼力矩)

$$\delta_{\Delta e} = L_\theta (\Delta\theta - \Delta\theta_g) + L_\theta \Delta\theta$$

由上式可见:

(1)仅增大 L_θ:快速性好,系统震荡增强,减小系统的阻尼,系统稳定性变差,系统的稳态误差减小。

(2)仅增大 L_θ:增大系统的阻尼,系统快速性变差,减弱系统震荡,系统的稳定性变好。

比例式自动驾驶仪:

(1)当自动驾驶仪保持高度时,受到垂风干扰时,仅有姿态误差,没有高度误差;

(2)受到常值力矩干扰时会有高度误差;

(3)在速度(斜波)输入时有稳态误差。

2. 积分式自动驾驶仪

去掉硬反馈,保留速度反馈,使舵的偏转角速度与俯仰角的偏差成正比,则系统工作在稳定状态时,舵偏角与俯仰角偏离值的积分成比例。这种自动驾驶仪称为积分式自动驾驶仪。是舵回路速度反馈造成这种积分关系,故也称速度反馈(软反馈)式自动驾驶仪。积分式 A/P 的优点是:可消除静差。

$$\delta_{\Delta e} = L_\theta \int (\Delta\theta - \Delta\theta_g) \mathrm{d}t + L_\theta (\Delta\theta - \Delta\theta_g) + L_\theta \Delta\theta$$

第一项的作用:产生控制力矩消除稳态误差;

第二项的作用:产生控制力矩纠正姿态偏差;

第三项的作用:增大系统的阻尼。

另一种积分式 A/P:比例式 A/P+角偏差积分信号。

具有积分式控制规律的 A/P 工作在高度保持方式时:

(1)在受到垂风干扰时只有姿态误差,无高度误差;

(2)在受到常值力矩干扰时,无高度误差。

3. 均衡式反馈自动驾驶仪

均衡式自驾仪控制回路如图 4-5 所示。均衡式反馈是在引入舵机硬反馈的基础上再加一个非周期环节的正反馈。其中时间常数 T_e 很大,为几秒到几十秒。

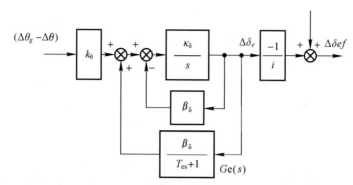

图 4-5　均衡式自驾仪控制回路

　　在稳定与控制飞机角运动时,舵回路的动态过程时间仅零点几秒,舵回路中 T_e 值大的非周期环节通路来不及产生明显的反馈作用,可认为是断开的(故又名延迟正反馈)。整个系统仍工作在硬反馈式状态。逐渐进入稳态后,该通路的正反馈量越来越大,最终等于硬反馈通路的负反馈量。

4.1.3　自动驾驶仪的工作原理

　　自动驾驶仪是一个典型的反馈控制系统,它代替驾驶员控制飞机的飞行。假设要求飞机作水平直线飞行,驾驶员是如何控制飞机的呢?飞机受干扰(如阵风)偏离原姿态(例如飞机抬头),驾驶员用眼睛观察到仪表板上陀螺地平仪的变化,用大脑做出决定,通过神经系统传递到手臂,推动驾驶杆使升降舵向下偏转,产生相应的下俯力矩,飞机趋于水平。驾驶员又从仪表上看到这一变化,逐渐把驾驶杆收回原位,当飞机回到原水平姿态时,驾驶杆和升降舵面也回原位,以上过程如图 4-6 所示。

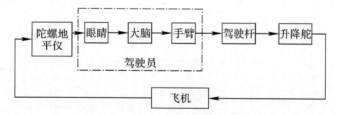

图 4-6　驾驶员控制飞机的方框图

　　从图 4-6 看出,这是一个反馈系统及闭环系统。图中虚线表示驾驶员,如果用自动驾驶仪代替驾驶员控制飞机飞行,自动驾驶仪必须包括与虚框内三个部分相应的装置,并与飞机组成一个闭环系统,如图 4-7 所示。

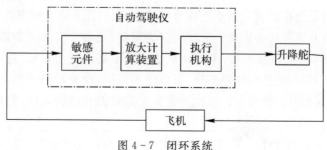

图 4-7　闭环系统

自动飞行的原理如下:飞机偏离原始状态,敏感元件感受到偏离方向和大小,并输出相应信号,经放大,计算处理,操纵执行机构(如舵机),使控制面(例如升降舵面)相应偏转。由于整个系统是按负反馈原则连接的,其结果是使飞机趋向原始状态。当飞机回到原始状态时,敏感元件输出信号为零,舵机以及与其相连的舵面也回到原位,飞机重新按原始状态飞行。

由此可见,自动驾驶仪中的敏感元件,放大计算装置和执行机构可代替驾驶员的眼睛,大脑神经系统与肢体,自动地控制飞机的飞行。这三部分是自动飞行控制系统的核心,即自动驾驶仪。

为改善多级的性能,通常执行机构引入内反馈(将舵机的输出反馈到输入端),形成随动系统(或称伺服回路),简称为舵回路。舵回路是由舵机、放大器及反馈元件组成,如图 4-8 虚线框图内所示。反馈元件包括测速机和/或位置传感器。测速机测出多面偏转的角速度,反馈给放大器以增大舵回路的阻尼,改善舵回路的性能,位置传感器将舵面位置信号反馈到舵回路的输入端,使舵面偏转角度与控制信号成正比。有的舵回路没有位置传感器,则舵面偏转角速度与控制信号一一对应。

自动驾驶仪与飞机组成一个回路。这个回路的主要功能是稳定飞行器的姿态,或者说稳定飞行器的角运动。敏感元件用来测量飞机的姿态角,由于该回路包含了飞机,而飞机的动态特性又随飞行条件(如速度,高度等)而异。放大计算机装置对各个传感器信号的综合计算,即控制规律应满足各个飞行状态的要求,并可以设置成随飞行条件变化的增益程序。

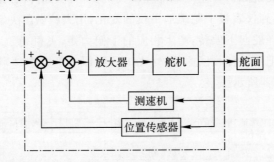

图 4-8 舵回路

如果用敏感元件测量飞机的重心位置,而飞机还包含的运动学环节(表征飞机空间位置几何关系的环节),这样组成的控制回路,简称制导回路。这个回路的主要功能是控制飞行轨迹,如飞行高度的稳定和控制。

超声速飞机问世后,飞行包线(飞行速度和高速的变化范围)扩大,飞机自身稳定性变坏。例如,飞机自身的阻尼力矩在高空因空气稀薄而减小,阻尼比下降致使飞机角运动产生强烈的摆动,仅靠驾驶员控制飞机较为困难。为解决这类问题,飞机上安装了角速率陀螺、迎角传感器、法向加速度计等,它们和放大器、串联舵机组成阻尼器或增温系统,进而引入驾驶员的杆力/杆位移传感器信号,构成控制增稳系统,可以增大阻尼,改善动稳定性,增稳和控制增温系统还可增加静稳定性和改善操纵性。飞机上安装了阻尼器和增稳系统,就好似成了一架稳定性能较好的新飞机。

从控制回路的分析和设计上看,阻尼器或增稳系统是自动驾驶仪(姿态角控制回路)的内回路。但是,从工作方式上看,阻尼器或增稳系统与自动驾驶仪不同,阻尼器从飞机起飞就投入工作,这时驾驶员仍然直接操纵飞机。自动驾驶仪则在飞机完成空中配平(指飞机力矩的平衡和杆力的平衡)后,才能接入。此后驾驶员通过自动驾驶仪操纵台上旋钮或侧杆操纵飞机。增稳系统,控制增稳系统工作时驾驶员仍须直接参与,不符合自动飞行的定义,不属于自动驾驶仪的功能范围。

4.1.4　飞控系统的组成

为了保证自动驾驶仪的正常工作,基本组成部件有如下三种:传感器、放大部件与舵机。为了实现所要求的控制律,放大部件实现信号校正和综合。在模拟式自动驾驶仪中,不可能进行十分复杂的计算。发展成为数字式自动驾驶仪后,具有很强计算功能的计算机,允许实现更为完善的控制律,从而增加了一个计算机部件。在这同时,伺服放大部件与舵机组合成为伺服作动系统。由于计算机功能很强,除完成控制律的计算及按飞行状态调参外,同时还可兼顾机内检测,甚至故障检测与报警等任务,因此计算机成为当代数字式自动驾驶仪中十分重要的一个分系统。此外,执行测量任务的传感器部件诸如高度差传感器,送出姿态信号的惯性陀螺平台,实际上也都是一些闭环系统。

飞控的工作流程原理如图 4-9 所示,从直观的部件组成看,飞控包括以下部分:

IMU:即惯性测量单元。它主要集成有三轴加速度计和三轴陀螺仪,主要用于感知飞行器在三个轴向上的运动状态(俯仰、滚转和偏航)。安装时要求靠近飞行器的重心,并有一定的减震和指向要求。

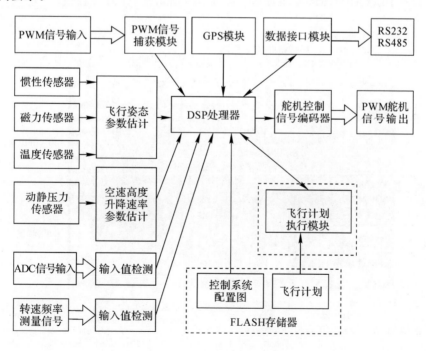

图 4-9　飞控的工作流程原理

GPS:接收 GPS 卫星导航系统的位置信息,为飞控提供位置数据。通常安装在飞行器的尾部(避免遮挡),且要求无电磁信号干扰。

Compass:磁罗盘,也称外置指南针;用于感知飞行器的指向。在固定翼无人机的飞控中

磁罗盘不是必要设备,因为固定翼飞机在飞行中一直保持有一定的运动速度,可通过不同时间的 GPS 位置信号来计算出飞机的指向。许多飞控的磁罗盘与 GPS 的接收天线设计在同一附件中。

气压高度计:用于检测飞行器所在位置的气压高度,通常设计 IMU 或主控盒内。

AGL:超声波传感器,通常用于感知飞行器的垂直对地高度,作用距离一般不大于 15 m。要求对地垂直安装,且要求传感器安装位置处无过大噪声干扰。

适配器:飞控系统的电源适配盒。

舵机转接板:用于分路转接舵机线。

主控盒:飞控系统的控制电路。

4.1.5 飞控板

飞控板是多轴飞行器的核心设备,是飞行控制集成电路板的简称。其主要功能如下:

(1)处理来自遥控器的信号,完成要求的飞行姿态或其他指令。

(2)控制电调,给电调发送信号调节电机转速,实现控制改变飞行姿态的功能。

(3)通过一些板载的测量元件,通过控制电调的输出信号保持多旋翼无人机的稳定。

目前市面上的飞控板品种较多,闭源阵营国内主流厂商有大疆、零度、极飞、华科尔、亚拓等;开源阵营有 PIX,APM,MWC,KK 等。图 4-10 所示是 APM 飞控板。

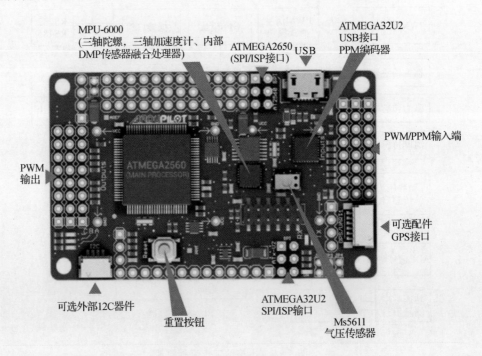

图 4-10　APM 飞控板

它具备丰富的接口:8 路 PWM 信号输入;8 路 PWM 信号输出;2 路外扩 I2C 接口支持外接传感器网络;3 路 UART 接口分别用于遥测电台、GPS 接收机、OSD 扩展模块、空速传感器、电流、电压传感器等的 11 路模拟输入端。

4.2　无人机导航系统

4.2.1　全球定位系统(GPS)

1. GPS 概述

全球定位系统(GPS)是一种基于卫星的、长距离的、全球性的导航系统。全球定位系统 GPS 是一种全天候的无线电导航系统,它不受静电云团等气象干扰,通过收、发无线电信号可为用户提供精确的定位和时间基准等。GPS 不仅适用于飞机等航空航天飞行器,也适用于地面汽车、人群、海上船只等的定位和导航。使用 GPS 系统的飞机,可以引导飞机在起飞、巡航、进近、着陆等各个阶段沿预定的航线准确地飞行。此外,卫星导航系统还可以综合用于通信、交通管制、气象服务、地面勘测、搜救、授时等军事、民用方面的应用。

全球定位系统由空间部分、地面监控部分和用户接收机三大部分组成,如图 4-11 所示。

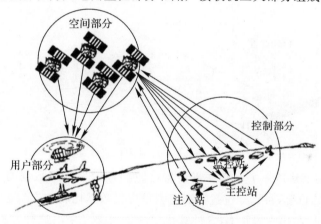

图 4-11　GPS 系统组成

在地球上空 10 900 海里的轨道上,有 21 颗工作卫星和 3 颗备用卫星。每个卫星绕轨道一周需要 12 h。

每颗卫星向外发射包括传输时间在内的信号。机载 GPS 组件比较信号的接收时间与发射时间,并计算出这一信号的传输时间。通过这一传输时间,就能确定飞机到卫星的距离。因为无线电信号在空间传播的速度是光速。

当机载 GPS 能收到至少 4 颗卫星的信号时,它就能计算出飞机所在位置的纬度、经度和高度。因为 GPS 中存储了所有卫星的轨道位置数据,它也被称为星历,如图 4-12 所示。

GPS 提供两种服务,一种精确定位服务,用 PPS 表示,它仅用于军事方面;另一种是标准定位服务,用 SPS 是表示,它用于民用航空。

GPS 使用的频率是 1 575.42 MHz,其定位精度在 15~25 m 之间。

在使用标准定位服务时,其 15 m 的定位精度太低,这样,飞机不能利用 GPS 的定位数据着陆,定位精度太低这一不足,可以通过差分 GPS 进行改善,即 DGPS。

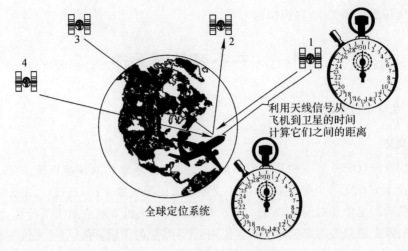

图 4-12　全球定位基本原理

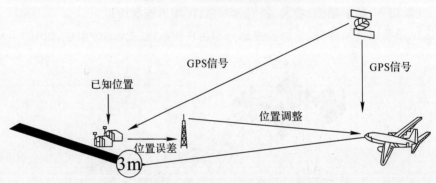

图 4-13　差分全球定位原理

　　DGPS 是在机场上建造一个已知精确位置(纬度、经度、高度)数据的基准台,然后,利用 GPS 计算该基准台的位置,将已知位置数据与测量位置数据比较会产生位置误差。这一位置误差信号发射到飞机,利用它修正 GPS 计算出的位置误差。采用这种方法,可以使其定位准确度提高到大约 3 m,如图 4-13 所示。

　　在飞机上安装有两部 GPS。每部 GPS 都有一部安装于机身顶部的天线,它接收卫星信号。卫星信号传送到 GPS 接收机,GPS 接收机在对信号处理后,将其送到飞行管理系统进行导航计算,如图 4-14 所示。

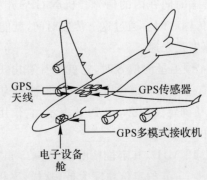

图 4-14　GPS 安装位置

2. GPS 定位解算

GPS 是利用卫星进行定时和测距的全球定位系统。图 4 - 15 所示为 24 颗卫星的分布图，在空间位置已知的卫星作为基站，发射无线电信号，地面或近地面的接收机测量无线电信号传播的距离和速度，计算用户的位置。测距必须知道卫星和接收机的时间，接收到信号的标志时间，已知卫星的发射时间就可以计算出这个距离。

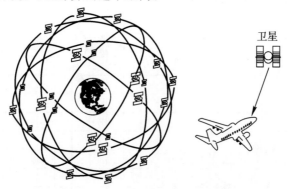

图 4 - 15　24 颗卫星的分布图

3. GPS 接收机任务

GPS 信号接收机的任务是：

（1）捕获按一定卫星高度截止角所选择的待测卫星的信号，并跟踪这些卫星的运行。

（2）对所接收到的 GPS 信号进行变换、放大和处理，以便测量出 GPS 信号从卫星到接收机天线的传播时间；

（3）解译出 GPS 卫星所发送的导航电文，存储这些测量值、导航电文；

（4）实时地计算出测站的三维位置，甚至三维速度和时间。

4.2.2　惯性导航系统

1. 概述

惯性导航是通过测量飞机的加速度（惯性），并自动进行积分运算，以获得飞机即时速度和即时位置数据的一门综合性技术。

二自由度导航原理如图 4 - 16 所示。用一种叫加速度计的仪表测量到飞机（物体）的运动加速度后，飞机即时速度和即时位置可由下式获得：

$$a = \frac{\mathrm{d}v}{\mathrm{d}t} = \frac{\mathrm{d}^2 S}{\mathrm{d}t^2}$$

$$v = v_0 + \int_0^t a \mathrm{d}t$$

$$S = v_0 \int_0^t \mathrm{d}t + \frac{1}{2} a \int_0^t \int_0^t \mathrm{d}t^2$$

若初始时刻的初速度 $v_0 = 0$，初始位移 $S_0 = 0$，则有

$$v = \int_0^t a \mathrm{d}t$$

$$S = \frac{1}{2} a \int_0^t \int_0^t \mathrm{d}t^2$$

不管初始值 v_0 与 S_0 是否为零,在应用上述速度和位移公式时均可计算出任何时刻的速度和任何一段时间内飞机(物体)所飞过的路程。

图 4-17 所示是二自由度惯导系统方块图,实际惯导系统不仅能提供即时速度和即时位置,还可以测量飞机的姿态。在捷联式惯导系统中可提供多达 35 个参数,构成惯性基准系统。

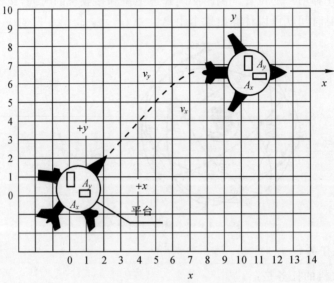

图 4-16 二自由度导航原理

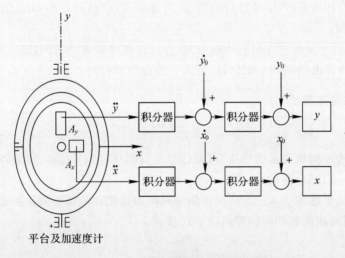

图 4-17 二自由度惯导系统方块图

35 个参数中主要有即时经度和纬度;飞机地速,航迹角;飞机三个姿态角和角速度;沿机体轴的三个线加速度;垂直速度;惯性高度。此外,在由大气数据系统提供真空速条件下,还输出风速风向(角)等。

惯导系统通常由惯性测量组件、计算机、控制显示器等组成。惯性测量组件包括加速度计和陀螺仪惯性元件。三个陀螺仪用来测量飞机的沿三轴的转动运动;三个加速度计用来测量飞机的平动运动的加速度。计算机根据加速度信号进行积分计算,还进行系统的标定、对准,以及进行机内的检测和管理。控制显示器实时显示导航参数。

2. 加速度计

加速度计是惯性导航系统的重要惯性元件，它用于测量飞机的线加速度，并输出与加速度成比例的电信号。

加速度计按检测加速度质量的运动方式分，有线加速度计和摆式加速度计。

图 4-18 所示是线加速度计的力学模型，线加速度计在加速度作用下，敏感质量沿加速度方向作位移运动。当飞机沿输入轴（敏感轴）方向以加速度 a 相对惯性空间运动时，敏感质量将朝与加速度相反方向相对壳体位移，从而压缩（或）拉伸弹簧。稳态时有如下关系：

$$kx_A = ma$$

或

$$x_A = \frac{m}{k}a$$

即稳态时敏感质量的相对位移量 x_A 与飞机的加速度 a 成正比。

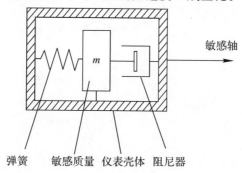

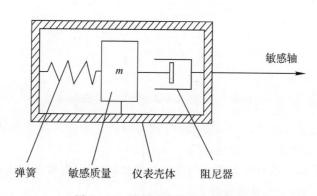

图 4-18　线加速度计的力学模型

图 4-19 所示是摆式加速度计的力学模型，在摆式加速度计中，检测质量做成单摆形式。当飞机有沿负 x 轴加速度 a 时，则敏感质量摆感受到 a 引起的惯性力 $F = -ma$，其方向与 a 相反。摆锤在 F 作用下，绕转轴 y 产生转矩 M_a 和转角 α。由于转轴转动使弹簧变形而产生弹性力矩 $M_s = -ka$，M_s 与 M_a 方向相反。又由于摆锤偏离 z 轴方向，重力形成与弹性力矩方向相同的 $mgl\sin\alpha$ 力矩分量，摆式加速度计平衡如图 4-19 所示。当稳态时力矩平衡方程为

$$mal\cos\alpha = ka + mgl\sin\alpha$$

当 α 很小时,$\cos\alpha\approx1$,$\sin\alpha\approx\alpha$,于是得

$$\alpha=\frac{ml}{k+mgl}a$$

式中,m 为摆锤质量;k 为弹性系数,均为常数,故得

$$\alpha=k_1a\left(k_1=\frac{ml}{k+mgl}\right)$$

用传感器输出电压,取 $u=k_2\alpha$,可得输出电压为

$$u=k_1k_2\alpha=k_aa$$

可见,只要测量出输出电压,就可知道被测加速度。

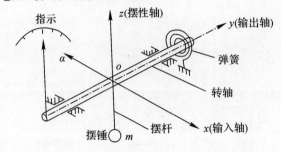

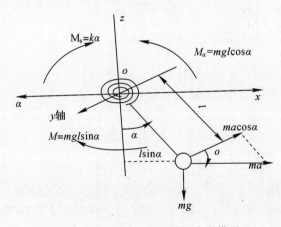

图 4-19 摆式加速度计的力学模型

按加速度计活动系统的支承方式分类,可分为轴承支承摆式加速度计、挠性支承加速度计、悬浮(例如静电、永磁体等)加速度计等。

按加速度计信号传感器的种类可分为电位计式加速度计、电容式加速度计、电感或差动变压器式加速度计、振动弦式加速度计等。

按测量方式分有开环加速度计和闭环加速度计(力反馈式加速度计)。

开环加速度计不需要把输出量反馈到输入端(加速度计的活动系统)与输入进行比较,对于每一个被测量的加速度值,便有一个输出值与之对应。为了满足实际应用的需要,开环加速度必须精确校准,要求在工作中校准值不发生变化。

开环加速度计的优点是结构简单,成本低,容易维护。

闭环加速度计又称力反馈式加速度计,采用反馈原理,把输出反馈到输入端,构成闭环系统。具体说,被测加速度经过检测元件、信号传感器、放大器等环节变成电信号,加到对活动系

统有控制作用的力发生器(或力矩器),用力(或力矩)作为反馈量。

闭环加速度计具有较强的抗干扰能力。惯性导航系统的加速度计都是闭环加速度计。

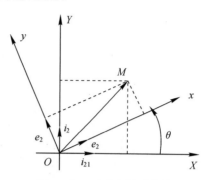

图 4-20　二维坐标系旋转

3. 捷联式惯性导航系统

图 4-20 中两套坐标系,OXY 和 Oxy。设开始时两坐标系重合,当 Oxy 绕公共点 O 逆时针转过 θ 角后,两坐标系不再重合;设 OM 保持不动,由于 Oxy 的旋转,OM 在 OXY 坐标系中有坐标 X,Y,在 Oxy 坐标系中有坐标 x,y。

由图得

$$e_1 = i_1 \cos\theta + i_2 \sin\theta$$

$$e_2 = -i_1 \sin\theta + i_2 \cos\theta$$

用矩阵排列一下,得

$$\begin{bmatrix} e_1 \\ e_2 \end{bmatrix} = \begin{bmatrix} \cos\theta & \sin\theta \\ -\sin\theta & \cos\theta \end{bmatrix} \begin{bmatrix} i_1 \\ i_2 \end{bmatrix}$$

说明只要知道 Oxy 坐标旋转的角度 θ,则可将单位向量进行互换。相应地变换为

$$\begin{bmatrix} x \\ y \end{bmatrix} = \begin{bmatrix} \cos\theta & \sin\theta \\ -\sin\theta & \cos\theta \end{bmatrix} \begin{bmatrix} X \\ Y \end{bmatrix}$$

若令

$$\boldsymbol{A} = \begin{bmatrix} \cos\theta & \sin\theta \\ -\sin\theta & \cos\theta \end{bmatrix}$$

那么

$$\begin{bmatrix} x \\ y \end{bmatrix} = \boldsymbol{A} \begin{bmatrix} X \\ Y \end{bmatrix}$$

且有

$$\begin{bmatrix} X \\ Y \end{bmatrix} = \boldsymbol{A} \begin{bmatrix} x \\ y \end{bmatrix}$$

由此可见,经由变换矩阵 $\boldsymbol{A}$ 可实现旋转坐标系之间的坐标变换。

在惯导技术中,遇到的是三维坐标系的变换问题,常将坐标系 $Oxyz$ 依附于飞机,即为机体坐标系;$OXYZ$ 代表参考坐标系,即可选定为导航坐标系。飞机在空间的转动是三维运动,可选用三个独立的角度来表示它相对参考系的位置。因此,可通过一个正交矩阵 $\boldsymbol{C}_b^n$ 进行 $Oxyz$ 与 $OXYZ$ 坐标系之间三维坐标变换,即存在

$$\begin{bmatrix} X^n \\ Y^n \\ Z^n \end{bmatrix} = \boldsymbol{C}_b^n \begin{bmatrix} x^b \\ y^b \\ z^b \end{bmatrix}$$

图 4-21 是捷联式惯导系统原理图,在捷联式惯导系统中,加速度信息的坐标变换、姿态矩阵计算、姿态角和航向角的提取,这三项功能都在计算机里完成,起着物理平台的作用,构成所谓的"数学平台"。

由于惯性测量组件直接安装在运载体(飞机)上,工作环境恶劣,要求它在飞机振动、冲击、温度变化等条件下仍能正确测量,参数和性能有高的稳定性,故对惯性元件要求比平台高。

运载体的复杂运动包括角运动都将直接作用在惯性元件上,由此会产生多项误差,因此,

在捷联式惯导系统中需要采取误差补偿措施。

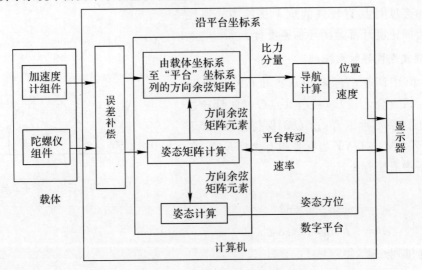

图 4-21　捷联式惯导系统原理图

平台式惯导系统为提高可靠性,采用相同的两套系统,而捷联式惯导系统则采用多惯性元件,构成余度系统。由于采用了余度技术,增加了惯性元件故障的容许次数,提高了系统的可靠性。

惯性导航系统有如下优点:

(1) 由于它是既不依赖于任何外部消息,也不向外部辐射能量的自主式系统,因而隐蔽性好,且不受外界电磁干扰的影响;

(2) 可全天候、全时间地工作于空中、地球表面乃至水下;

(3) 能提供位置、速度、航向和姿态角数据,所产生的导航信息连续性好而且噪声低;

(4) 数据更新率高、短期精度和稳定性好。

其缺点是:

(1) 由于导航信息由积分产生,定位误差随时间而增大,长期精度差;

(2) 每次使用之前需要较长的初始对准时间;

(3) 设备的价格较昂贵;

(4) 不能给出时间信息。

4.2.3　GLONASS 导航系统

1. 概述

GLONASS(格洛纳斯)是俄罗斯全球卫星导航系统 GLOBAL NAVIGATION SATELLITE SYSTEM 的缩写。格洛纳斯卫星导航系统作用类似于美国的 GPS、欧洲的伽利略卫星定位系统和中国的北斗卫星导航系统。

全球导航卫星系统(GLONASS)是由苏联(现由俄罗斯)国防部独立研制和控制的第二代军用卫星导航系统,与美国的 GPS 相似,该系统也开设民用窗口。GLONASS 技术可为全球海陆空以及近地空间的各种军、民用户全天候、连续地提供高精度的三维位置、三维速度和时间信息。GLONASS 在定位、测速及定时精度上则优于施加选择可用性之后的 GPS,由于俄罗斯向国际民航和海事组织承诺将向全球用户提供民用导航服务。

GLONASS 的卫星播放标准精度和高精度的两种导航信号,所有民用用户可以不间断的在全球范围内享用标准精度导航信号提供的信息,这一信息可保证确定水平坐标的枯度为 50 m～70 m,(概率为 99.7%),垂直坐标的精度为 75 m(概率为 99.7%),速度矢量分量的精度为 15 cm/s(概率为 99.7%),时间精度为 1 μs。在应用差分法和特殊测量方法(载波相位测量等)的情况下,精度还可进一步提高。

目前,俄罗斯全球导航卫星系统的轨道分系统是由 24 颗工作星和 3 颗备用星组成的。在这种情况下,通常有 5～8 颗 GLONASS 的卫星位于用户的可视范围内。GLONASS 的卫星在北纬地区(>50°)的可视性优于美国全球定位系统 GPS 卫星的可视性。

2. GLONASS 导航系统的组成

GLONASS 导航系统包括卫星星座、地面支持和用户设备三个部分组成。

(1)卫星星座。GLONASS 星座由 27 颗工作星和 3 颗备份星组成,所以 GLONASS 星座共由 30 颗卫星组成。27 颗星均匀地分布在 3 个近圆形的轨道平面上,这三个轨道平面两两相隔 120°,每个轨道面有 8 颗卫星,同平面内的卫星之间相隔 45°,轨道高度 2.36 万公里,运行周期 11 小时 15 分,轨道倾角 64.8°。这种轨道群体的结构配置可保证至少有 5 颗卫星以可接收的星座几何形状进入位于地球和近地空间任何点的用户的可视范围。

星上设备由导航设备、控制设备和姿态控制、稳定、修正系统等组成。目前 GLONASS 系统的地面站网都由军方管理。

(2)地面支持。GLONASS 系统的地面部分由一个地面控制中心、四个指令测量站、四个激光测量站和一个监测网组成。

地面控制中心包括一个轨道计算中心、一个计划管理中心和一个坐标时间保障中心,主要任务是接收处理来自各指令测量站和激光测量站的数据,完成精密轨道计算,产生导航电文,提供坐标时间保障,并发送对卫星的上行数据注入和遥控指令,实现对整个导航系统的管理和控制。

指令测量站均布设在俄罗斯境内,每站设有 C 波段无线电测量设备,跟踪测量视野内的 GLONASS 卫星,接收卫星遥测数据,并将所测得的数据送往地面控制中心进行处理。同时指令测量站将来自地面控制中心的导航电文和遥控指令发射至卫星,四个激光测量站中有两个与指令测量站并址,另两个分别设在乌兹别克斯坦和乌克兰境内,激光测量站跟踪测测视野内的 GLONASS 卫星,并将所测得的数据送往地面控制中心进行处理,主要用于校正轨道计算模型和提供坐标时间保障。

系统还建有 GPS/GLONASS 监测网,该监测网独立工作,主要用于监测 CPS/GLONASS 系统的工作状态和完好性。

(3)用户设备。GLONASS 用户设备(即接收机)能接收卫星发射的导航信号,并测量其伪距和伪距变化率,同时从卫星信号中提取并处理导航电文。接收机处理器对上述数据进行处理并计算出用户所在的位置、速度和时间信息。GLONASS 系统提供军用和民用两种服务。GLONASS 系统绝对定位精度水平方向为 16 m,垂直方向为 25 m。目前,GLONASS 系统的主要用途是导航定位,当然与 GPS 系统一样,也可以广泛应用于各种等级和种类的定位、导航和时频领域等。

与美国的 GPS 系统不同的是 GLONASS 系统采用频分多址(FDMA)方式,根据载波频率来区分不同卫星(GPS 是码分多址(CDMA),根据调制码来区分卫星)。每颗 GLONASS 卫星发播的两种载波的频率分别为 $L_1 = 1\ 602 + 0.562\ 5K$(MHz)和 $L_2 = 1\ 246 + 0.437\ 5K$(MHz),其中 $K = 1 \sim 24$ 为每颗格洛纳斯系统导航卫星工作示意图卫星的频率编号。所有 GPS 卫星的载波的频率是相同,均为 $L_1 = 1\ 575.42$MHz 和 L2 = 1 227.6MHz。

GLONASS 卫星的载波上也调制了两种伪随机噪声码:S 码和 P 码。俄罗斯对 GLONASS 系统采用了军民合用、不加密的开放政策。

GLONASS 系统单点定位精度水平方向为 16 m,垂直方向为 25 m。

同 GPS 一样,GLONASS 是一个具有双重功能的军用/民用系统。所有军用和民用 GLONASS 用户构成用户部分。该系统的潜在民用前景巨大,而且与 GPS 互为补充。

4.2.4 北斗卫星导航系统

1.概述

中国北斗卫星导航系统(BeiDou Navigation Satellite System,BDS)是中国自行研制的全球卫星导航系统。是继美国全球定位系统(GPS)、俄罗斯 GLONASS 卫星导航系统之后第三个成熟的卫星导航系统。北斗卫星导航系统(BDS)和美国 GPS、俄罗斯 GLONASS、欧盟 GALILEO,是联合国卫星导航委员会已认定的供应商。

北斗卫星导航系统由空间段、地面段和用户段三部分组成,可在全球范围内全天候、全天时为各类用户提供高精度、高可靠定位、导航、授时服务,并具有短报文通信能力,已经初步具备区域导航、定位和授时能力,定位精度 10 m,测速精度 0.2 m/s,授时精度 10 ns。

2012 年 12 月 27 日,北斗系统空间信号接口控制文件正式版 1.0 正式公布,北斗导航业务正式对亚太地区提供无源定位、导航、授时服务。

2013 年 12 月 27 日,北斗卫星导航系统正式提供区域服务一周年新闻发布会在国务院新闻办公室新闻发布厅召开,正式发布了《北斗系统公开服务性能规范(1.0 版)》和《北斗系统空间信号接口控制文件(2.0 版)》两个系统文件。

2014 年 11 月 23 日,国际海事组织海上安全委员会审议通过了对北斗卫星导航系统认可的航行安全通函,这标志着北斗卫星导航系统正式成为全球无线电导航系统的组成部分,取得面向海事应用的国际合法地位。

中国的卫星导航系统已获得国际海事组织的认可。

2020 年 6 月 23 日,第 55 颗北斗导航卫星于西昌卫星发射中心由长征三号乙运载火箭成功发射,标志着我国北斗全球星座组网圆满完成。

2.北斗卫星导航系统构成

北斗卫星导航系统由空间段、地面段和用户段三部分组成。

(1)空间段。北斗卫星导航系统的空间段计划由 35 颗卫星组成,包括 5 颗静止轨道卫星和 30 颗非静止轨道卫星。5 颗静止轨道卫星定点位置为东经 58.75°,80°,110.5°,140°和 160°。非静止轨道卫星由 27 颗中圆轨道卫星和 3 颗倾斜同步轨道卫星组成。其中,中圆轨道卫星运行在 3 个轨道面上,轨道面之间相隔 120°均匀分布。北斗卫星导航系统的空间段组成如图 4-22 所示。

至 2012 年年底北斗区域导航正式开通时,共发射了 16 颗卫星,其中 14 颗组网并提供服务,分别为 5 颗静止轨道卫星、5 颗倾斜地球同步轨道卫星、4 颗中圆轨道卫星。相应的位置如下。

Ⅰ.静止轨道卫星的轨道高度为 35 786 km,分别定点于东经 58.75°,80°,110.5°,140° 和 160°。

Ⅱ.倾斜地球同步轨道卫星的轨道高度为 357 861 km,轨道倾角为 55°,分布在 3 个轨道面内,升交点赤经分别相差 120°,其中 3 颗卫星的星下点轨迹重合,交叉点精度为东经118°,其余 2 颗卫星的星下点轨迹重合,交叉点精度为东经 95°。

Ⅲ.中圆轨道卫星轨道高度为 21 528 km,轨道倾角为 55°,回归周期为 7 天 13 圈,相位从 Walker24/3/1 星座中选择,第一轨道面升交点赤经为 0°。4 颗 MEO 卫星位于第一轨道面 7,8 相位、第二轨道面 3,4 相位。

(2)地面段。北斗卫星导航系统的地面段由主控站、注入站和监测站组成。

Ⅰ.主控站用于系统运行管理与控制等。主控站从监测站接收数据并进行处理,生成卫星导航电文和差分完好性信息,而后交由注入站执行信息的发送。同时,主控站还负责管理、协调整个地面控制系统的工作。

Ⅱ.注入站用于向卫星发送信号,对卫星进行控制管理,在接受主控站的调度后,将卫星导航电文和差分完好性信息向卫星发送。

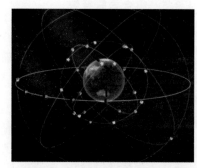

图 4 - 22　北斗卫星导航系统的空间段组成

Ⅲ.监测站用于接收卫星的信号,并发送给主控站,实现对卫星的跟踪、监测,为卫星轨道确定和时间同步提供观测资料。

(3)用户段。用户段即用户的终端,既可以是专用于北斗卫星导航系统的信号接收机(康凯斯北斗定位终端)也可以是兼容其他卫星导航系统的接收机。接收机需要捕获并跟踪卫星的信号,即可测量出接收天线至卫星的伪距离和距离的变化率,解调出卫星轨道参数等数据。接收机中的微处理计算机根据这些数据按一定的方式进行定位计算,最终得到用户的经纬度、高度、速度、时间等信息。北斗卫星导航系统采用卫星无线电测定(RDSS)与卫星无线电导航(RNSS)集成体制,既能像其他导航系统一样为用户提供卫星无线电导航服务,又具备位置报告及短报文通信功能。

3.北斗卫星导航系统功能

北斗卫星导航系统设计具备四大功能:

(1)短报文通信:北斗系统用户终端具有双向报文通信功能,用户可以一次传送 40～60 个汉字的短报文信息。可以达到一次传送达 120 个汉字的信息。在远洋航行中有重要的应用价值。

(2)精密授时:北斗系统具有精密授时功能,可向用户提供 20～100 ns 时间同步精度。

(3)定位精度:水平精度 100 m(1σ),设立标校站之后为 20 m(类似差分状态)。工作频率:2 491.75 MHz。系统容纳的最大用户数为 540 000 户/h。

(4)军用功能:"北斗"卫星导航定位系统的军事功能与 GPS 类似,如:运动目标的定位导航;为缩短反应时间的武器载具发射位置的快速定位;人员搜救、水上排雷的定位需求等。

4. 特点

优点:与 GPS 相比,北斗卫星导航系统不仅具有定位功能,还有双向通信能力,能独立完成对象的定位、指挥、调度和监控;北斗卫星导航系统覆盖范围大,没有通讯盲区,目前北斗系统覆盖了中国及周边国家和地区,不仅可为中国、也可为周边国家服务。北斗卫星导航系统是自主系统,其安全、可靠、稳定,保密性强,适合关键部门应用。

缺点:北斗卫星导航系统精度不高,系统可靠性相对较差,只能二维主动式定位,不能满足高动态用户的需求,且系统工作繁琐,用户容量有限,还需中心站提供用户数字高程图数据,从而使系统隐蔽性方面受到限制。此外,赤道区域的精度较低,极高纬度区因不能覆盖而无法使用。

4.2.5　组合导航系统

组合导航系统的优点是将多种导航系统的信息相结合,能够为载体提供包括姿态、速度和位置等的全姿态导航信息,输出的导航数据频率较高,导航信息的精度比单一的导航系统精度高,各种导航系统的数据进行融合,达到优势互补,在各个导航系统进行浅组合时,各个系统不互相影响。

1. SINS/GPS 组合导航概述

目前,SINS/GPS 组合导航方法已在无人机导航中被广泛地应用。惯性导航具有完全自主、运动参数完备、短时精度高的优点,已被广泛应用于航天及航海等领域,但惯性器件中陀螺漂移、加速度计偏置等因素以及安装误差等的影响,使得惯性导航容易出现误差积累,从而导致长时间导航精度易发散的现象。而这就对惯性器件的精度提出了很高的要求,进而导致了成本的提高。GPS 利用导航卫星进行测距和测速时,已成为世界上应用最广泛的卫星定位系统。它具有全天候、高精度的特性,特别是利用差分定位原理,实时定位精度可达厘米级。但其局限性也很明显,如 GPS 信号在复杂环境下容易被干扰或遮挡,特别是在城市及山区,由于多路径效应的影响而造成很大的误差,从而无法定位。各导航系统单独使用,很难满足导航性能的要求,因此,将多种导航方法组合使用,对同一导航信息作测量结算,计算出各导航系统的误差并对其进行校正,从而达到提高导航精度的目的。

SINS/GPS 组合导航是目前比较常用的组合模式,其定位和水平姿态精度较高,但方位角的精度并不高,尤其是在载体不做任何机动或低速运动状态。利用三轴磁强计可得到载体坐标系下的磁场强度,然后可确定载体坐标系与导航坐标系下磁场强度间的关系,且精度不易发散。因此,将 SINS,GPS 和磁强计有机地组合起来,可得到较高精度的位置、速度和姿态信息,实现优越性价比的组合导航与制导系统。

2. 导航系统与自动控制系统

传感器单元、导航计算机单元和飞行控制单元是空中机器人的核心。传感器单元主要包括 MIMU、微 GPS、微磁罗盘(MC)和压力微传感器(MPS)等。MIMU 可提供最全的导航信息,但其精度较低且误差随时间积累,因此需要 GPS、磁罗盘和压力传感器等与其共同进行组合导航以提高系统精度。导航计算机单元的功能为采集传感器单元数据并进行导航解算,得到飞行器的导航参数;飞行控制单元则利用导航计算机解算得到的导航参数,进行飞行控制和航迹规划。系统的结构框图如图 4 - 23 所示。由于导航计算机与飞行控制计算机原理相似且均属于数字电路,导航计算机单元和飞行控制单元可进行集成化设计,共同组成高度集成化的信息处理单元。

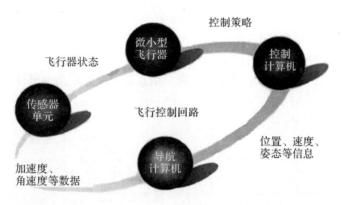

图 4 - 23　GNC 系统结构

随着微电子技术、光电子技术和 MEMS 技术的快速发展,导航传感器迎来了一场巨大的变革。硅 MEMS 惯性器件与传统惯性器件相比,体积大大减小,功耗、质量也大大降低;微电子技术的发展促进了信号与信息处理电路的高度集成化。导航器件的微小型化为实现高性能GNC 系统集成奠定了重要的技术基础。

(1) 传感器单元集成方案。传感器单元是飞控系统的关键部分之一,它的性能直接决定了系统的精度。传感器单元主要由 IMU、GPS、磁罗盘、气压高度计和空速计等传感器组成,其功能框图如图 4 - 24 所示。

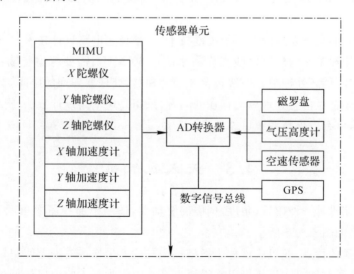

图 4 - 24　传感器单元功能框图

为实现飞控系统的小型化,惯性传感器采用 MEMS 陀螺仪和 MEMS 加速度计;GPS 系统则采用高灵敏度的接收模块;磁罗盘亦采用高集成度的基于磁阻原理的电子罗盘;空速计和高度计则采用高精度的气压传感器。

传感器单元集成的关键在于如何在获得高性能的前提下,减小体积和质量、降低功耗、提高系统的可靠性与环境适应性。基于以上原则,采用自顶向下的设计方法,合理分配各组件的设计难度和压力,重点攻克各部件的关键技术和难点,实现传感器单元的高密度集成。

(2)信息处理单元的集成方案。信息处理单元是飞控系统的中枢,它集成了导航计算机和飞行控制单元两大功能模块,集成了数据采集协处理器、导航处理器、控制处理器、舵机驱动模块和无线链路等处理器及接口模块,具有传感器数据采集、信号处理、滤波、组合导航、制导与控制、舵机驱动及数据通信等多重复杂功能。信息处理单元的功能框图如图4-25所示。

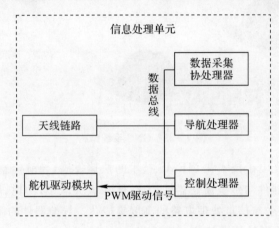

图4-25 信息处理单元功能框图

信息处理单元集成采用嵌入式技术,以达到小体积、高性能研究目标。信息处理单元的主芯片采用低功耗的 ARM9 处理器。结合任务要求,选取 2～3 片处理器协同工作,达到系统高性能的目标。

信息处理单元的集成涉及两方面的关键技术:一是高速电路设计技术;二是处理器阵列的协同技术。信息处理单元的外围总线工作频率超过 60 MHz,需要考虑传输线效应和信号的完整性问题。另外,信息处理单元一般包含 3 个处理器,处理器阵列的协同工作和单元的可靠性问题需要考虑。针对信息处理单元存在的问题,采用高速电路设计方法,提出了一种处理器阵列的冗余方法,可有效提高系统可靠性。

4.3 无人机舵机

这里所说的舵机是一种位置(角度)伺服的驱动器,适用于那些需要角度不断变化并可以保持的控制系统,如图4-26所示。

依据控制方式的特点,舵机应该称为微型伺服马达。早期在模型上使用较多,主要用于控制模型的舵面,故俗称舵机。舵机可以在微机电系统中作为基本的输出执行机构,其简单的控制和输出结构使得单片机系统非常容易与之接口。

舵机在智能控制领域有着非常广泛的应用,如航模、小型机器人、微小型无人机等方面均具有重要作用。

在民用无人机机电系统中,舵机作为控制输出的执行机构,有着非常关键的作用。它通过拉杆直接连接飞机的舵面,控制舵面的状态,从而控制飞机的姿态。

图 4-26　舵机

4.3.1　舵机的构造

舵机是集成了直流电机、电机控制器和减速器等一系列元器件的机电一体化产品,封装在一个便于安装的外壳里的伺服单元。能够利用简单的输入信号比较精确地控制转动角度的机电系统。

舵机内部有一个电位器(或其他角度传感器)用于检测齿轮箱输出轴转动角度,控制板根据电位器的信息能比较精确的判断、控制和保持输出轴的角度。这样的直流电机控制方式叫闭环控制,所以舵机更准确地说是伺服马达,英文 servo。

舵机的结构如图 4-27 所示,舵机的主体结构主要有几个部分:外壳、减速齿轮组、电机、电位器、控制电路。简单的工作原理:控制电路接收信号源的控制信号,并驱动电机转动;齿轮组将电机的速度成大倍数缩小,并将电机的输出扭矩放大相应倍数,然后输出;电位器和齿轮组的末级一起转动,测量舵机轴转动角度;电路板检测并根据电位器判断舵机转动角度,然后控制舵机转动到目标角度或保持在目标角度。

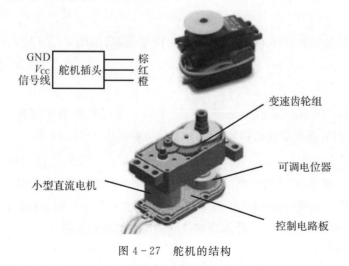

图 4-27　舵机的结构

舵机的外壳一般具有较为标准化的尺寸(根据厂家不同,略有差异)以便于使用设备模块化的设计和安装。大部分舵机采用塑胶制造的外壳,特殊的舵机可能会有铝合金外壳。金属外壳能够提供更好的散热,可以让舵机内的电机运行在更高功率下,以提供更高的扭矩输出。金属外壳也可以提供更牢固的固定位置。

舵机的齿轮箱如图 4-28 所示,齿轮箱有塑料齿轮、混合齿轮、金属齿轮的差别。塑料齿轮成本低,噪声小,但强度较低;金属齿轮强度高,但成本高,在装配精度一般的情况下会有较大的噪声。小扭矩舵机、微舵、扭矩大但功率密度小的舵机一般都用塑料齿轮,如 Futaba3003,辉盛的 9 g 微舵。金属齿轮一般用于功率要求较高的舵机上,如辉盛 995 舵机。995 在和 3003 一样体积的情况下却能提供 13 kg 的扭力。厂家 Hitec 甚至使用钛合金作为齿轮材料,其高强度能保证 3003 大小的舵机能提供 20 多 kg 的扭力。混合齿轮在金属齿轮和塑料齿轮间做了折中,在电机输出轴上的齿轮扭矩一般不大,可以用塑料齿轮。

图 4-28　舵机的齿轮箱

4.3.2　舵机的性能参数

舵机主要分为模拟舵机和数字舵机两种类型。

舵机的性能主要有以下几个方面:转速、转矩、电压、尺寸、重量、材料等。我们在做舵机的选型时要对以上几个方面进行综合考虑。

1. 转速

转速由舵机无负载的情况下转过 60° 所需时间来衡量,如图 4-29 所示,常见舵机的速度一般在 0.11 s/60°～0.21 s/60° 之间。

2. 转矩

舵机扭矩的单位是 kg·cm,这是一个扭矩单位。可以理解为在舵盘上距舵机轴中心水平距离 1 cm 处,舵机能够带动的物体重量。舵臂扭矩如图 4-30 所示。

3. 电压

厂商提供的速度、转矩数据和测试电压有关,在 4.8 V 和 6 V 两种测试电压下这两个参数有比较大的差别。如 Futaba S-9001 在 4.8 V 时扭力为 3.9 kg、速度为 0.22 s,在 6.0 V 时扭力为 5.2 kg、速度为 0.18 s。若无特别注明,JR 的舵机都是以 4.8 V 为测试电压,Futaba 则是以 6.0 V 作为测试电压。

目前,市面上的大部分舵机以 4.8 V/6 V 直流电源供电;但随着技术的发展,目前市面上出现了能适应更高电压的舵机,如 Futaba 的 BLS157hv、JR 的 DS8921hv 等能支持 7.4 V 的高电压供电。高电压舵机具有速度更快、扭矩更大等特点。

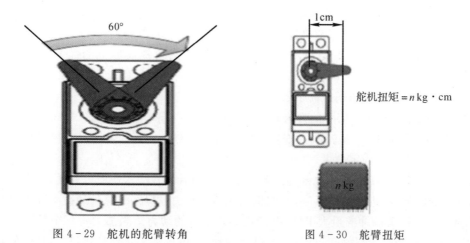

图 4 - 29　舵机的舵臂转角　　　　　　　　　图 4 - 30　舵臂扭矩

4. 尺寸、重量和材质

舵机的功率(速度×转矩)和舵机的尺寸比值可以称为该舵机的功率密度,一般同一品牌的舵机,功率密度大的性能更好价格也更高。塑料齿轮的舵机在超出极限负荷的条件下使用可能会崩齿,金属齿轮的舵机则可能会电机过热损毁或外壳变形。

4.3.3　舵机的控制原理

舵机是一个微型的伺服控制系统,具体的控制原理可以用图 4 - 31 表示。

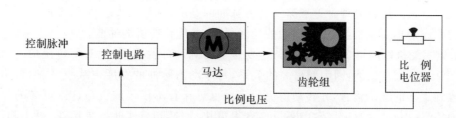

图 4 - 31　舵机的控制原理图

舵机工作原理是控制电路接收信号源的控制脉冲,并驱动电机转动;齿轮组将电机的速度成大倍数缩小,并将电机的输出扭矩放大相应倍数,然后输出;电位器和齿轮组的末级一起转动,测量舵机轴转动角度;电路板检测并根据电位器判断舵机转动角度,然后控制舵机转动到目标角度或保持在目标角度。

舵机需要一个外部控制器(遥控器的接收机)产生脉宽调制信号来告诉舵机转动角度,脉冲宽度是舵机控制器所需的编码信息。

控制信号由接收机的通道进入信号调制芯片,获得直流偏置电压。它内部有一个基准电路,产生周期为 20 ms,宽度为 1.5 ms 的基准信号,将获得的直流偏置电压与电位器的电压比较,获得电压差输出。最后,电压差的正负输出到电机驱动芯片决定电机的正反转。当电机转速一定时,通过级联减速齿轮带动电位器旋转,使得电压差为 0,电机停止转动。

4.3.4 数字舵机和模拟舵机的区别

数字舵机和模拟舵机在基本的机械结构方面是完全一样的,主要由马达、减速齿轮、控制电路等组成,而数字舵机和模拟舵机的最大区别则体现在控制电路上,数字舵机的控制电路比模拟舵机多了微处理器和晶振。不要小看这一点改变,它对提高舵机的性能有着决定性的影响。

数字舵机在以下两点与模拟舵机不同:

(1) 处理接收机的输入信号的方式;

(2) 控制舵机马达初始电流的方式,减少无反应区(对小量信号无反应的控制区域),增加分辨率以及产生更大的固定力量。

模拟舵机在空载时,没有动力被传到舵机马达。当有信号输入使舵机移动,或者舵机的摇臂受到外力的时候,舵机会做出反应,向舵机马达转动动力(电压)。这种动力实际上每秒传递50次,被调制成开/关脉冲的最大电压,并产生小段小段的动力。当加大每一个脉冲的宽度的时候,如电子变速器的效能就会出现,直到最大的动力/电压被传送到马达,马达转动使舵机摇臂指到一个新的位置。然后,当舵机电位器告诉电子部分它已经到达指定的位置,那么动力脉冲就会减小脉冲宽度,并使马达减速。直到没有任何动力输入,马达完全停止。

模拟舵机的"缺点"是:假设一个短促的动力脉冲,紧接着很长的停顿,并不能给马达施加多少激励,使其转动。这意味着如果有一个比较小的控制动作,舵机就会发送很小的初始脉冲到马达,这是非常低效率的。这也是为什么模拟舵机有"无反应区"的存在。比如说,舵机对于发射机的细小动作,反应非常迟钝,或者根本就没有反应。

相对于传统模拟舵机,数字舵机的两个优势是:

(1) 因为微处理器的关系,数字舵机可以在将动力脉冲发送到舵机马达之前,对输入的信号根据设定的参数进行处理。这意味着动力脉冲的宽度,就是说激励马达的动力,可以根据微处理器的程序运算而调整,以适应不同的功能要求,并优化舵机的性能。

(2) 数字舵机以高得多的频率向马达发送动力脉冲。就是说,相对于传统的 50 脉冲/s,现在是 300 脉冲/s。虽然,因为频率高的关系,每个动力脉冲的宽度被减小了,但马达在同一时间里收到更多的激励信号,并转动得更快。这也意味着不仅仅舵机马达以更高的频率响应发射机的信号,而且"无反应区"变小;反应变得更快;加速和减速时也更迅速、更柔和;数字舵机提供更高的精度和更好的固定力量。

4.4　无人机传感器

4.4.1　陀螺仪

1. 陀螺仪的作用

通过前面理论知识的学习,我们了解到直升机的尾桨是用于产生抵消主旋翼扭矩的机构。直升机在空中飞行,只有主旋翼产生的扭矩等于尾桨推力产生的扭矩时才能实现直升机在空中航向力矩的平衡(即保持机头有固定的指向)。

当直升机需要改变机头指向时,需要操作尾翼改变尾桨距以改变机身反扭力的大小以实现机身转向。直升机的反扭力如图 4 - 32 所示。

但是,在非主动操作的情况下,用手动操作的方式保持主旋翼扭矩和尾桨产生的反扭力的大小相等是非常困难的。

(1) 在直升机进行舵面操作时(不管是俯仰、滚转还是升降),由于主旋翼的状态改变,主旋翼所产生的反扭力大小也会改变,这会造成直升机的机头指向改变。

(2) 当直升机遇到侧飞时,会造成尾桨产生的推力改变,从而改变了飞机的机头指向。

(3) 当发动机的功率输出改变时,会直接造成主旋翼的扭矩产生变化,同样也会造成直升机的机头指向改变。

图 4 - 32　直升机的反扭力

因此,尾桨的控制状态是需要时刻改变的,特别是微小型的无人直升机乃至航模,依靠手动操作的形式进行调整尾桨反扭矩的大小来控制直升机机头保持固定的指向是很难实现。

这就需要一个辅助的设备——陀螺仪来进行自动控制,机械陀螺仪如图 4 - 33,航模用的陀螺仪如图 4 - 34 所示。

直升机使用的陀螺仪是一个角速度传感器,通过陀螺仪测量直升机在外力或者主动操作时造成的机体旋转速度,然后通过相应的控制程序调整尾桨的反扭力以保持机身(机头)指向的装置就是陀螺仪。

图 4 - 33　机械陀螺仪

图 4 - 34　航模用的陀螺仪

2. 陀螺仪的类型

利用高速回转体的动量矩敏感壳体相对惯性空间绕正交于自转轴的一个或两个轴的角运动检测装置。利用其他原理制成的角运动检测装置起同样功能的也称陀螺仪。

前面我们说到,高速旋转的物体具有陀螺效应,陀螺仪正是利用陀螺效应原理制造出来用于测量物体旋转角速度的一种传感器。陀螺仪在智能控制领域具有非常广泛的应用。

利用陀螺仪的动力学特性制成的各种仪表或装置,主要有以下几种:

(1)陀螺方向仪。它是能给出飞行物体转弯角度和航向指示的陀螺装置。它是三自由度均衡陀螺仪,其底座固连在飞机上,转子轴提供惯性空间的给定方向。若开始时转子轴水平放置并指向仪表的零方位,则当飞机绕铅直轴转弯时,仪表就相对转子轴转动,从而能给出转弯的角度和航向的指示。由于摩擦及其他干扰,转子轴会逐渐偏离原始方向,因此每隔一段时间(如15 min)须对照精密罗盘作一次人工调整。机械陀螺的结构如图4-35所示。

(2)陀螺罗盘。供航行和飞行物体作方向基准用的寻找并跟踪地理子午面的三自由度陀螺仪。其外环轴铅直,转子轴水平置于子午面内,正端指北;其重心沿铅垂轴向下或向上偏离支承中心。转子轴偏离子午面时同时偏离水平面而产生重力矩使陀螺旋进到子午面,这种利用重力矩的陀螺罗盘称摆式罗盘。21世纪发展为利用自动控制系统代替重力摆的电控陀螺罗盘,并创造出能同时指示水平面和子午面的平台罗盘。

图4-35 机械陀螺的结构

(3)陀螺垂直仪。利用摆式敏感元件对三自由度陀螺仪施加修正力矩以指示地垂线的仪表,又称陀螺水平仪。陀螺仪的壳体利用随动系统跟踪转子轴位置,当转子轴偏离地垂线时,固定在壳体上的摆式敏感元件输出信号使力矩器产生修正力矩,转子轴在力矩作用下旋进回到地垂线位置。陀螺垂直仪是除陀螺摆以外应用于航空和航海导航系统的又一种地垂线指示或量测仪表。

(4)陀螺稳定器。稳定船体的陀螺装置。20世纪初使用的施利克被动式稳定器实质上是一个装在船上的大型二自由度重力陀螺仪,其转子轴铅直放置,框架轴平行于船的横轴。当船体侧摇时,陀螺力矩迫使框架携带转子一起相对于船体旋进。这种摇摆式旋进引起另一个陀螺力矩,对船体产生稳定作用。斯佩里主动式稳定器是在上述装置的基础上增加一个小型操纵陀螺仪,其转子沿船横轴放置。一旦船体侧倾,小陀螺沿其铅直轴旋进,从而使主陀螺仪框架轴上的控制马达及时开动,在该轴上施加与原陀螺力矩方向相同的主动力矩,借以加强框架的旋进和由此旋进产生的对船体的稳定作用。

(5)速率陀螺仪。用以直接测定运载器角速率的二自由度陀螺装置。把均衡陀螺仪的外环固定在运载器上并令内环轴垂直于要测量角速率的轴。当运载器连同外环以角速度绕测量轴旋进时,陀螺力矩将迫使内环连同转子一起相对运载器旋进。陀螺仪中有弹簧限制这个相对旋进,而内环的旋进角正比于弹簧的变形量。由平衡时的内环旋进角即可求得陀螺力矩和运载器的角速率。积分陀螺仪与速率陀螺仪的不同处只在于用线性阻尼器代替弹簧约束。当运载器作任意变速转动时,积分陀螺仪的输出量是绕测量轴的转角(即角速度的积分)。以上两种陀螺仪在远距离测量系统或自动控制、惯性导航平台中使用较多。

(6)陀螺稳定平台。以陀螺仪为核心元件,使被稳定对象相对惯性空间的给定姿态保持稳定的装置。稳定平台通常利用由外环和内环构成制平台框架轴上的力矩器以产生力矩与干扰力矩平衡使陀螺仪停止旋进的稳定平台称为动力陀螺稳定器。陀螺稳定平台根据对象能保持稳定的转轴数目分为单轴、双轴和三轴陀螺稳定平台。陀螺稳定平台可用来稳定那些需要

精确定向的仪表和设备,如测量仪器、天线等,并已广泛用于
航空和航海的导航系统及火控、雷达的万向支架支承设备
等。其中,根据不同原理方案使用各种类型陀螺仪为元件。
其中利用陀螺旋进产生的陀螺力矩抵抗干扰力矩,然后输出
信号控制照相系统。

图 4-36　光纤陀螺仪

　　(7)陀螺仪传感器。陀螺仪传感器是一个简单易用的
基于自由空间移动和手势的定位和控制系统。在假象的平
面上挥动鼠标,屏幕上的光标就会跟着移动,并可以绕着链
接画圈和点击按键。当你正在演讲或离开桌子时,这些操作
都能够很方便地实现。陀螺仪传感器原本是运用到直升机模型上的,已经被广泛运用于手机
这类移动便携设备上(iphone 的三轴陀螺仪技术等)。

　　(8)光纤陀螺仪。光纤陀螺仪(见图 4-36)是以光导纤维线圈为基础的敏感元件,由激光
二极管发射出的光线朝两个方向沿光导纤维传播。光传播路径的变化,决定了敏感元件的角
位移。光纤陀螺仪与传统的机械陀螺仪相比,优点是全固态,没有旋转部件和摩擦部件,寿命
长,动态范围大,瞬时启动,结构简单,尺寸小,重量轻。与激光陀螺仪相比,光纤陀螺仪没有闭
锁问题,也不用在石英块精密加工出光路,成本低。

　　(9)激光陀螺仪。激光陀螺仪的原理是利用光程差来测量旋转角速度(Sagnac 效应)。在
闭合光路中,由同一光源发出的沿顺时针方向和反时针方向传输的两束光和光干涉,利用检测
相位差或干涉条纹的变化,就可以测出闭合光路旋转角速度。

4.4.2　加速度计

　　加速度计用于测量加速度。借助一个三轴加速度计可以测得一个固定平台相对地球表面
的运动方向,但是一旦平台运动起来,情况就会变得复杂得多。如果平台做自由落体,加速度
计测得的加速度值为零。如果平台朝某个方向做加速度运动,各个轴向加速度值会含有重力
产生的加速度值,使得无法获得真正的加速度值。例如,安装在 60°横滚角飞机上的三轴加速
度计会测得 $2g$ 的垂直加速度值,而事实上飞机相对地区表面是 60°的倾角。因此,单独使用
加速度计无法使飞机保持一个固定的航向。

　　加速度计在较长时间的测量值(确定飞机航向)是正确的,而在较短时间内由于信号噪声
的存在而有误差。陀螺仪在较短时间内则比较准确而较长时间则会有与漂移而存有误差。因
此,需要两者(相互调整)来确保航向的正确。

　　即使使用了两者,也只可以用于测得飞机的俯仰和横滚角度。对于偏航角度,由于偏航角
和重力方向正交,无法用加速度计测量得到,因此还需要采用其他设备来校准测量偏航角度的
陀螺仪的漂移值。校准的设备可以使用磁罗盘计(电子磁罗盘,对磁场变化和惯性力敏感)或
者 GPS。

　　惯性导航单元(IMU)组合(融合)来自两个或以上的传感器(例如陀螺仪、加速度计、磁场
计和/或 GPS)信息用于飞机相对地球的航向矢量和速度矢量。这种融合算法相当复杂,同时
还需要对这些电子器件固有的测量噪声进行特殊滤波。

4.4.3　磁力计

加速度和陀螺只能提供姿态参考,并不能解算出正确的航向。而磁力计是用于感受地磁向量以解算出模块与北的夹角。磁力计的这个功能类似于指南针,所以也叫电子指南针,或者称为电子磁罗盘。

1. 磁力计的惠斯通电桥

惠斯通电桥,如图 4 - 37 所示。$R_1/R_2/R_3/R_4$ 是初始状态相同的 AMR 电阻,但是 R_1/R_2 和 R_3/R_4 具有相反的磁化特性。当检测到外界正交偏置磁场的时候,R_1/R_2 阻值增加 ΔR 而 R_3/R_4 减少 ΔR。这样在没有外界正交偏置磁场的情况下,电桥的输出为零;而在有外界磁场时电桥的输出为一个微小的电压 ΔV_0。磁力计就是利用惠斯通电桥检测 AMR 阻值的变化,来感觉外部的磁力。当然这里的 4 V 很小,需要进入放大电路处理。

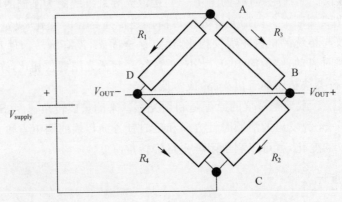

图 4 - 37　惠斯通电桥

下面解释一下电桥的关键部件 AMR 电阻,也叫各向异性磁电阻效应,简称磁控电阻。当外部的磁力线垂直于电阻时与外部磁力线平行于电阻时呈现不一样的电阻率。

HMC5883 是三轴的磁力计,当然它内部有三个电桥。将三维磁阻传感器按照载体三维坐标系安装,通过测量载体空间磁场的三维磁感应强度,按照一定的算法就可以计算出载体在空间的姿态信息,这就是电子指南针。

2. 磁干扰

这个世界上不是只有地球才能产生磁场,我们身边很多的物体都是可以产生磁场的,比如磁铁、电机、钢筋构建的楼房、通电流的直导线也会产生磁场。

可以做个实验,找个指南针,当用磁铁靠近指南针时,它指示的方向会发生变化,此时它再不能用作指南针给我们导航,因为它受到外界磁力干扰,指示的方向已经不能保证正确了,这样的现象称为磁干扰。

电子指南针主要是通过感知地球磁场的存在来计算磁北极的方向。然而由于地球磁场在一般情况下只有微弱的 0.5 Gs 左右,而一个普通的手机喇叭当相距 2 cm 时仍会有大约 4 Gs 的磁场,一个手机马达在相距 2 cm 时会有大约 6 Gs 的磁场,这一特点使得针对电子设备表面地球磁场的测量很容易受到电子设备本身的干扰。

磁场干扰是指由于具有磁性物质或者可以影响局部磁场强度的物质存在,使得磁传感器所放置位置上的地球磁场发生了偏差。

磁干扰又分成两种,一种是硬磁干扰,另一个是软磁干扰。

硬铁磁场由磁力计平台(可认为是载体)上的永久性磁铁和被磁化的钢铁物质组成,其特点是当载体位于某一固定位置时,其强度为一定值,不随航向的变化而变化。软铁磁场可认为由地球磁场与磁力计周围的磁化物质相互作用而产生。与硬铁磁场不同的是,软铁磁场强度的大小与方向与磁力计的方位有关。

3. 磁校正

受环境因素和电子磁罗盘自身因素的影响,电子磁罗盘常存在较大的航向角误差,因此经常需要在使用前校正,磁罗盘校正的一般方法是使安装有磁罗盘的载体做特定的运动,或者将载体转动到某些特定的角度,得到磁罗盘在不同姿态下的磁场强度测量值,通过对测量值分析,进行磁罗盘的校正。

HMC5883 是一种表面安装的多芯片件模块如图 4-38 所示,专门为带有一个数字接口的低场磁传感器而设计,应用于诸如低成本罗盘和测磁学领域。APM 板机械集成了HMC5883,从而为 APM 板节约了空间并减轻了载重。

HMC5883 采用霍尼韦尔的各向异性磁阻(AMR)技术,这一技术带来的好处是其他磁传感器技术无法企及的。霍尼韦尔的磁传感器位于行业内灵敏度最高和可靠性最好的低强度磁场传感器之列。

它有如下特点:

(1) 数字量输出:I^2C 数字量输出接口,设计使用非常方便;

(2) 尺寸小:3 mm×3 mm×0.9 mm ,LCC 封装,适合大规模量产使用;

(3) 精度高:内置 12 位 A/D,OFFSET,SET/RESET 电路,不会出现磁饱和现象,不会有累加误差;

图 4-38　HMC5883

(4) 支持自动校准程序,简化使用步骤,终端产品使用非常方便。

4.4.4　气压计

气压计的工作原理是通过将敏感元件大气压转换为可被电路处理的电量值。大气压是由空气的重力产生的,在不同的海拔高度时,大气压强也会随之发生变化。气压传感器除了直接测量气压的大小外,另外一个作用就是间接地对海拔高度进行测量。

很多空气的气压传感器主要部件为变容式硅膜盒。当该变容硅膜盒外界大气压力发生变化时顶针动作,单晶硅膜盒随着发生弹性变形,从而引起硅膜盒平行板电容器电容量的变化来控制气压传感器。图 4-39 所示为扩散硅式压力传感器。

气压传感器内部集成了一些高度算法可以做高度计算。气压计用于测量当前大气压,获取飞机的高度信息。无人机气压传感器能够精准地识别无人机的高度变化。无人机气压计如图 4-40 所示。

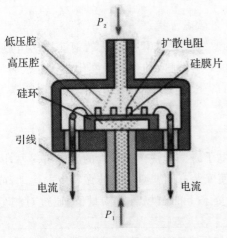

图 4 - 39　扩散硅式压力传感器

图 4 - 40　无人机气压计

4.4.5　超声波传感器

超声波传感器是将超声波信号转换成其他能量信号(通常是电信号)的传感器。

超声波传感器是由超声波发射器、接收器、控制部分及电源组成。超声波发射器向某一方向发射超声波,在发射的同时开始计时,超声波在空气中传播,途中碰到障碍物就立即返回来,超声波接收器收到反射波就立即停止计时。超声波传感器是通过发射并测量超声波从发射到被物体反射回来的时间,并由这个时间间隔来推算与物体之间的距离。

无人机采用超声波传感器就是利用超声波碰到其他物质会反弹这一特性,进行高度控制。前面就提到过近地面的时候,利用气压传感器是无法应对的。但是利用超声波传感器在近地面就能够实现高度控制。这样一来气压传感器同超声波传感器一结合,就可以实现无人机无论是在高空还是低空都能够平稳飞行。

超声波是振动频率高于 20 kHz 的机械波。它具有频率高、波长短、绕射现象小,特别是方向性好、能够成为射线而定向传播等特点,超声波传感器测量精度很高,可以精确测量距离,在无人机系统中常常用作无人机避障。超声波传感器如图 4 - 41 所示。

4.4.6　光流传感器

光流是空间运动物体在观察成像平面上的像素运动的瞬时速度,是利用图像序列中像素在时间域上的变化以及相邻帧之间的相关性来找到上一帧跟当前帧之间存在的对应关系,从而计算出相邻帧之间物体的运动信息的一种方法。

光流传感器通过 IAS 以一定速率连续采集物体表面图像,再由 DSP 对所产生的图像数 r 字矩阵进行分析。由于相邻的两幅图像总会存在相同的特征,通过对比这些特征点的位置变化信息,便可以判断出物体表面特征的平均运动,这个分析结果最终被转换为二维的坐标偏移量,当人的眼睛观察运动物体时,物体的景象在人眼的视网膜上形成一系列连续变化的图像,这一系列连续变化的信息不断"流过"视网膜(即图像平面),好像一种光的"流",故称之为光流。光流表达了图像的变化,由于它包含了目标运动的信息,因此可被观察者用来确定目标的运动情况。

光流是测速算法,并不是直接定位的,所谓光流定位其实是先利用光流进行测速,然后再积分定位。光流传感器如图 4-42 所示。

图 4-41　超声波传感器　　　　　　　　　图 4-42　光流传感器

4.5　无人机遥控器

4.5.1　简介

遥控器是无人飞行器收发控制指令的重要设备,用于遥控控制飞行器。遥控器包括两个部分:发射机和接收机。受限于无人机行业的现状和特点,目前,国内大部分民用无人机仍然使用为航模所设计的遥控器,其具有功能强大、性能可靠、响应速度快、控制距离远等特点,完全满足大部分民用无人机手动遥控操作飞行器时的需要。

目前,常见应用于无人机的遥控器有两种:红外遥控器和无线电遥控器。由于红外遥控器具有较强的方向性,并且控制距离较短,可靠性较差,因此应用较少。

无线电遥控器中,根据无线电的调制方式可以分为调幅(AM)和调频(FM)两种。调频即载波信号的幅度不变,通过改变载波信号的频率来选频,称为调频,英文简称 FM;调幅即载波信号的频率不变,通过改变信号的幅度来选频,成为调幅,英文简称 AM。调频信号的带宽比调幅信号的宽,抗噪声(干扰信号)能力强,因此相对而言比调幅信号质量更好。

PCM 是英文 Pulse-Code Modulation 的缩写,中文的意思是:脉冲编码调制,又称脉码调制。PPM 是英文 Pulse Position Modulation 的缩写,中文意思是:脉冲位置调制,又称脉位调制。这里顺便提一句,有许多人误将 PPM 编码说成是 FM,其实这是两个不同的概念。前者指的是信号脉冲的编码方式,后者指的是高频电路的调制方式。操作者通过操纵发射机上的手柄,将电位器组值的变化信息送入编码电路。

编码电路将其转换成一组脉冲编码信号(PPM 或 PCM)。这组脉冲编码信号经过高频调制电路(AM 或 FM)调制后,再经高放电电路发送出去。

PPM 的编解码方式一般是使用积分电路来实现的,而 PCM 编解码则是用模/数(A/D)和数/模(D/A)转换技术实现的。

首先,编码电路中模/数转换部分将电位器产生的模拟信息转换成一组数字脉冲信号。由于每个通道都由 8 个脉冲组成,再加上同步脉冲和校核脉冲,因此每个脉冲包含了数十个脉冲信号。在这里,每一个通道都是由 8 个信号脉冲组成。其脉冲个数永远不变,只是脉冲的宽度不同。宽脉冲代表"1",窄脉冲代表"0"。这样每个通道的脉冲就可用 8 位二进制数据来表示,共有 256 种变化。接收机解码电路中的单片机(单片计算机,下同)收到这种数字编码信号后,再经过数/模转换,将数字信号还原成模拟信号。由于在空中传播的是数字信号,其中包含的信号只代表两种宽度。这样,如果在此种编码脉冲传送过程中产生了干扰脉冲,解码电路中的单片机就会自动将与"0"或"1"脉冲宽度不相同的干扰脉冲自动清除。如果干扰脉冲与"0"或"1"脉冲的宽度相似或干脆将"0"脉冲干扰加宽成"1"脉冲,解码电路的单片机也可以通过计数功能或检验校核码的方式,将其滤除或不予输出。而因电位器接触不良对编码电路造成的影响,也已由编码电路中的单片机将其剔除,这样就消除了各种干扰造成误动作的可能。PCM信号形成如图 4 - 43 所示。

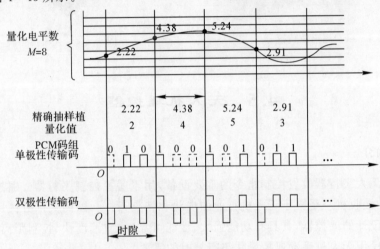

图 4 - 43 PCM 信号形成示意图

PCM 编码的优点不仅在于其很强的抗干扰性,而且可以很方便地利用计算机编程,不增加或少增加成本,实现各种智能化设计。例如,高级的比例遥控设备可以采用个性化设计,在编解码电路中加上地址码,实现真正意义上的一对一控制(即 2.4G 跳频技术)。另外,如果在发射机上加装开关,通过计算机编程,将每个通道的 256 种变化分别发送出来;接收机接收后,再经计算机解码后变成 256 路开关输出。这样,一路 PCM 编码信号就可变成 256 路开关信号。而且,这种开关电路的抗干扰能力相当强,控制精度相当高。从上述可以看出,PCM 编码与 PPM 编码方式相比,具有很大的优越性。虽然以往将这两种编码方式都说成是数字比例遥控设备,但从严格意义上说,只有 PCM 编码才称得上真正的数字比例遥控。

随着数字无线通信技术的不断发展,越来越多的航模厂商的把目光投向 ISM 频段尤其是全球免费频段 2.4G 的数字无线传输模块上。而传统的模拟低频无线航模遥控系统日益受到信号干扰严重、通信距离有限、同场信道少等缺点的制约。

遥控器的频点:当在同一区域内有相同频点的遥控器同时在工作时就会很容易产生信号干扰,造成飞机失控,甚至会造成极为严重的事故,因此必须确保不出现同频工作现象。在我们日常可以购买到的遥控器中,大致有 27 MHz,35 MHz,36 MHz,40 MHz,72 MHz,和 2.4 GMHz 等频段的遥控器。大频段后分为若干频点进行细分区别,如 40.790,72.190,

72.210等。同频是指在同一地区有频段相同频点也相同的两个遥控器同时在使用,这是飞行时极为畏忌的现象(如两个同是 72.190 MHz 的遥控器在同一区域飞行)。

4.5.2　认识遥控器

以 3ZD-10A 型植保机采用的 T8FG 型遥控器为例,遥控器——接收机如图 4-44,遥控器——发射机如图 4-45 所示,简单介绍一下遥控器的各个部分名称及其用途。

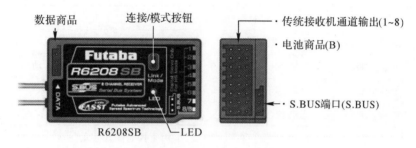

图 4-44　遥控器——接收机

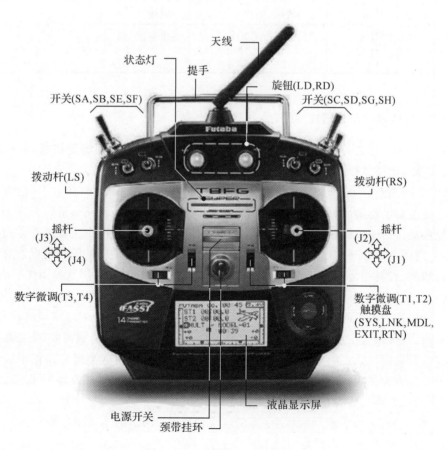

图 4-45　遥控器——发射机

通道的概念:通道英文为 Channel,缩写 CH,一个通道即一个控制回路。遥控器中常说 x 个通道,即表示可同时实现控制 x 个回路。如前面说的遥控器 T8FG 是 14 通道的遥控器,即表示该遥控器可实现控制 14 个通信回路。通道数越多则表示该遥控器功能越强大。再如:在遥控飞机中,控制升降舵需要一个通道,控制副翼需要一个通道,控制方向舵需要一个通道,控制动力也需要一个通道,因此在遥控飞机中通常都需要很多个通道的遥控设备,以便实现更多的功能。遥控器间各个通道的发射和接收端分别是一一对应的。

通常,在 Futaba 系列的遥控器里通道的定义见表 4-1。

表 4-1　Futaba 系列的遥控器里通道的定义

通　道	控制舵面	备　注
第一通道(CH1)	副翼(AILE)	用于控制飞行器的滚转运动
第二通道(CH2)	升降舵(ELEV)	用于控制飞行器的俯仰运动
第三通道(CH3)	油门(THRO)	用于控制飞行器的油门
第四通道(CH4)	方向舵(RUDD)	用于控制飞行器的航向
第五通道(CH5)	陀螺仪感度(GYRO)	用于控制陀螺仪的感度
第六通道(CH6)	螺距(PITCH)	用于控制直升机的螺距(总距)
第七通道(CH7)	辅助通道(AUX)	备用通道
第八通道(CH8)	辅助通道(AUX)	备用通道
…	…	

4.5.3　遥控器的动作形式

遥控器操作形式说明如图 4-46 所示。根据目前国内外遥控器的使用特点,根据摇杆通道定义的不同,把操作形式分为以下几种类型:

MODE 1 是流行于亚洲地区的主流操作方式,起源于日本,因此叫日本手(也叫亚洲手)。主要是指使用右手控制油门/螺距、副翼通道,而用左手控制升降、航向通道的操作手法。是目前国内使用最多的遥控器操作形式。这类型手法把控制飞行器的两个主要动作方向——滚转和俯仰,分别用两个分开的摇杆来控制,更有利于控制飞行器运动轨迹的精准度。对于大部分要求飞行精细、控制细微的 F3C 遥控特技动作表演/竞赛类选手多采用这种操作手法。

MODE 2 主要流行于欧美国家,近几年在国内的使用者也逐渐增多,约占 20%～30%。这类型手法俗称美国手或欧洲手。它把控制飞行器俯仰和滚转的两个通道同时放在右手,而把航向和油门/螺距放在左手控制。这样的布局符合一般人的行为习惯需要,也是参照载人航空器的座舱布局设计的。通常人们比较习惯使用右手,因此采用这类型的操控手法在操控飞行器时动作也较为灵活、迅速一些;同时对于滚转和俯仰运动都通过旋盘倾斜来实现的直升机而言,这样的操作手法更为直观和易于学习掌握。

MODE 3 俗称火星手或反美国手,其在布局上与 MODE2 的形式刚好相反。

目前仍有一些根据个人喜好定义的操作手法,应有较少,在此就不一一说明了。

形式	油门	副翼	俯仰	航向	螺距
Mode 1					
Mode 2					
Mode 3					

图 4 - 46　遥控器操作形式说明

　　下面我们以 MODE 2 为例,对遥控器摇杆控制直升机的运动方向作一一介绍。

　　油门/螺距:遥控器左摇杆上下控制直升机的上升和下降,当上下推动遥控器左手摇杆时,直升机会根据动作方向上升或下降。往上推动时,飞行器爬升,下拉时直升机下降。螺距/油门操作如图 4 - 47 所示。

图 4 - 47　螺距/油门操作

　　副翼:右手摇杆左右方向控制直升机的左右滚转,当朝右侧压杆时,直升机旋盘向右倾斜(见图 4 - 48(a)),直升机向右运动。副翼操作如图 4 - 48 所示。当朝左侧压杆时,直升机旋盘向左侧倾斜,直升机向左运动,如图 4 - 48(b)所示。

(a)

图 4 - 48　副翼操作(右)

(b)

续图 4-48　副翼操作(左)

　　俯仰:遥控器右手摇杆的上下方向控制直升机的前后俯仰;当朝前推杆时,直升机旋盘向前倾斜,直升机向前运动,如图 4-49 所示。

图 4-49　俯仰操作(前)

　　当朝后拉杆时,直升机旋盘向后倾斜,直升机向后运动,如图 4-50 所示。

图 4-50　俯仰操作(后)

　　航向:遥控器左手摇杆的左右方向控制直升机的航向;当朝右压杆时,直升机机头朝右转,直升机向右转弯,如图 4-51 所示。

图 4-51　航向操作(右)

当朝左压杆时,直升机机头朝左转,直升机向左转弯,如图 4-52 所示。

图 4-52　航向操作(左)

思 考 题

1. 简述无人机飞行控制系统由哪些部分组成。

2. 按控制律来分,自动驾驶仪有哪几种类型?

3. 简述自动驾驶仪的工作原理。

4. 无人机飞控板有哪些功能?

5. 什么是 GPS? GPS 由哪几部分组成?

6. 什么是 DGPS?

7. 什么是北斗卫星导航系统? 北斗卫星导航系统是由哪几部分组成?

8. 什么是惯性导航系统? 惯性导航系统由哪几个部分组成? 各有什么作用?

9. 无人机为什么要使用组合导航技术? 目前比较常用的组合导航模式是哪一种,有什么优点?

10. 舵机的性能参数有哪些?

11. 无人机上常使用的传感器有哪些? 各有什么作用?

12. 无人机遥控器有什么作用? 它是由哪几个部分组成的?

第5章 无人机其他系统

内容提示

无人机除了飞控导航系统以及动力系统之外,还有一些诸如电气、通信链路、发射和回收、地面站和任务规划以及任务载荷等其他系统,这些系统在无人机系统的重要作用。本章将主要讲述这些内容。

教学要求

(1)了解无人机电气系统的组成和功能;

(2)掌握无人机通信链路系统的组成及功能;

(3)了解常见的无人机发射和回收方式;

(4)掌握无人机地面站和任务规划的组成和功能;

(5)了解无人机任务载荷的种类及应用场合。

(6)培养学生具有良好的职业素养和协作能力。

(7)培养学生的独立能力、学会分享、感恩和勇于承担责任的能力。

(8)培养学生的职业作风、职业态度、强化爱国情怀。

内容框架图

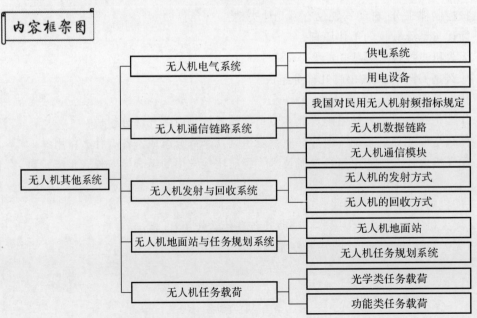

5.1　无人机电气系统

无人机电气系统一般由电源系统、配电系统、用电设备三大部分组成,其中电源系统和配电系统两者统称为供电系统。

根据电气系统的位置,无人机电气系统又可以分为机载电气系统和地面供电系统两部分。机载电气系统主要由主电源、应急电源、电气设备的控制与保护装置及辅助设备组成。

5.1.1　供电系统

供电系统的作用是向无人机各个系统或设备提供满足预定设计要求的电能。

1. 电源系统

电源系统可以产生和调节电能。电源系统主要由电源、控制及保护装置和供电网络等组成。

电源的用途有:将电能转换成热能:如电热防冰类负载;给电子设备供电:如计算机、显示器、传感器、控制器等;电能转换成机械能:如电动油泵、电动机、电磁活门等。

无人机电源主要有两种形式:一种是直流电源,另一种是交流电源。小型无人机一般以直流电源为主电源。直流电源由直流发电机、交流—直流发电机,或航空蓄电池提供,所需交流电由变流器提供。现代大型无人机都采用交流电源作为主电源,交流电源分为恒频交流电和变频交流电,在以交流电为主电源的航空器上,所需直流电源由变压整流器或航空蓄电池提供。

(1)电源。无人机电源由主电源、应急电源和二次电源组成。

1)主电源。主电源由机载发电机和电源控制保护设备组成,机载发电机是由航空发动机带动发电的。

典型的飞机直流发电机如图 5-1 所示,其结构主要由定子、转子、整流子(换向器)、电刷组件等部分构成。

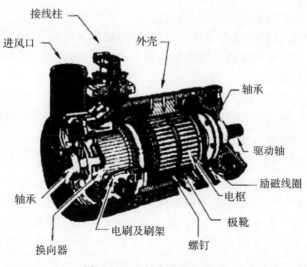

图 5-1　飞机直流发电机

2）应急电源。应急电源由飞机蓄电池或辅助动力装置构成。无人机普遍采用蓄电池作为机载应急电源，目前在无人机上使用的蓄电池有锌银蓄电池、蓄电池、氢镍蓄电池、锂离子蓄电池等。无人机常用的碱性蓄电池为镉镍蓄电池，镉镍蓄电池目前已在国内外无人机、拖靶上有大量的应用。镉镍蓄电池具有比能大、自放电小、低温性能好、耐过充电和耐过放电能力强、寿命长、内阻小、维护性好等优点，尤其是大电流放电时，电压平稳，非常适合于启动发动机等短时大电流放电场合。镉镍蓄电池由 20 个或 19 个单体电池串联组成，每个单体电池输出电压为 1.22 V。单体电池的机构如图 5-2 所示。

3）二次电源。二次电源是由变流机或变压整流器将主电源进行交直流变换而成。变压整流器主要包括主变压器、整流元件、滤波器、冷却风扇等，如图 5-3 所示。主变压器的作用是将 115/200 V，的三相交流电变换为适合整流电路的交流电压。整流元件的作用是将主变压器输出的交流电变换为直流电。滤波器包括输入滤波器和输出滤波器。输入滤波器的作用是减小变压整流器对电网电压波形的影响，滤除高频干扰；输出滤波器的作用是滤除整流后的脉动成分，使直流输出更加平滑。冷却风扇对变压整流器进行通风冷却。

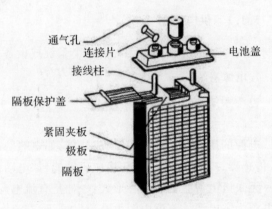

图 5-2　单体电池的结构

图 5-3　变压整流器组成框图

(2)控制及保护装置。电源的控制包括对发电机进行调压、发电机的励磁控制、发电机输出控制、发电机并联控制和汇流条控制等。

电源系统的保护装置是当发电系统发生故障时，切断发电机励磁和输出。

(3)供电网络。供电网络是指将电能输送到负载的电网，它包括汇流条、电源分配系统、过流（短路）保护器（跳开关）等。

1）直流电网。以直流为主电源的飞机，其供电网络比较简单。发电机的输出经过发电机接触器送到汇流条上。负载用电从汇流条通过跳开关、控制开关或继电器送到负载。跳开关起保护作用，控制开关或继电器完成负载的通断控制，如图 5-4 所示。

安装有多台直流发电机的飞机一般采用并联供电，以提高供电质量和供电可靠性。

2）交、直流混合电网。大型飞机的电网容量大，用电设备多，都采用交流电源作为主电源。但根据适航要求，必须同时具备直流电源系统，因此，供电网络比较复杂。交、直流电网的关系如图 5-5 所示。交流电源系统由主发电机、APU 发电机、应急发电机和地面交流电源提供给交流电源配电网络，当交流电源正常供电时，通过变压整流器（TRU）提供直流电源给直流电源分配网络。当飞机上无交流电源时，由飞机电瓶提供直流电源，并通过变流器提供应急交流电源。

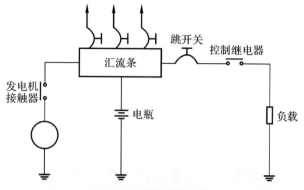

图 5-4　直流供电网络

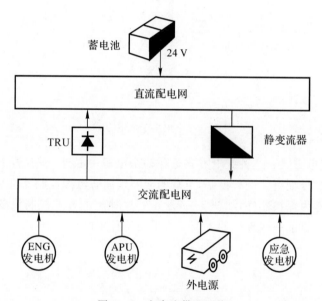

图 5-5　交直流供电网络

2. 配电系统

　　配电系统是飞机发电机与地面或应急电源的电能进行转换、传输、分配与控制保护的系统。配电系统应将电能可靠而有效地输送到各用电系统和设备。它由馈电电缆、汇流条、配电板，以及配电器件等组成。配电系统保证对飞机各部分可靠地输配电能，管理各类电气负载，并保护用电设备。20 世纪 60 年代末，飞机配电向着多路传输总线控制的固态配电方向发展。70 年代，开始将电气系统与电子、武器和操纵等系统通过多路传输总线交联在一起，并由计算机统一控制。

　　飞机上有两种典型的配电方式，一种是飞机只有一个电源中心的中央集中配电方式，另一种是有几个电源中心的分散管理配电方式，前者是目前大多数飞机采用的配电方式，后者为现代大型飞机所采用。

　　(1)中央集中配电方式。在这种配电方式中，飞机只有一个电源中心，每个负载都有专用的供电导线和控制导线,用跳开关作为保护器件,用继电器或接触器控制负载的工作,如图 5-6 所示。这种电源分配方式结构简单、可靠,但配电导线重量较大。

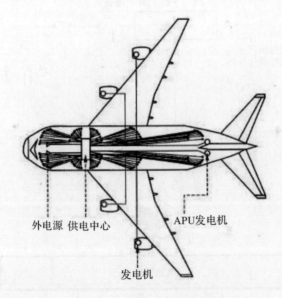

图 5-6 中央集中配电方式

(2)分散管理配电方式。这种配电方式是除一个电源中心外,还有若干个分中心,每个电源分中心由电源二次分配组件进行控制,负载的通断用固态电源控制器进行远程控制,一般采用远程控制跳开关作为保护器件,如图 5-7 所示。这种配电方式控制设备复杂,但大大减轻了配电导线的重量。目前一些现代的大型飞机采用这种配电方式。

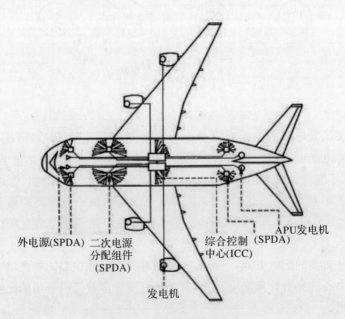

图 5-7 分散管理配电方式

5.1.2　用电设备

飞机用电设备包括飞行操纵、发动机控制、航空电子、电动机械、武器操纵、防冰加温等系统中用电的设备。

5.2　无人机通信链路系统

5.2.1　我国对民用无人机射频指标的规定

为满足应急救灾、森林防火、环境监测、科研试验等对无人驾驶航空器系统的需求,根据《中华人民共和国无线电频率划分规定》及我国频谱使用情况,规划 840.5~845 MHz,1 430~1 444 MHz 和 2 408~2 440 MHz 频段用于无人驾驶航空器系统。其中规定:

(1)840.5~845 MHz 可用于无人驾驶航空器系统的上行遥控链路。其中,841~845 MHz 也可采用时分方式用于无人驾驶航空器系统的上行遥控和下行遥测链路。

(2)1 430~1 444 MHz 频段可用于无人驾驶航空器系统下行遥测与信息传输链路,其中,1 430~1 438 MHz 频段用于警用无人驾驶航空器和直升机视频传输,其他无人驾驶航空器使用 1438—1444MHz 频段。

(3)2 408~2 440 MHz 频段可作为无人驾驶航空器系统上行遥控、下行遥测与信息传输链路的备份频段。相关无线电台站在该频段工作时不得对其他合法无线电业务造成影响,也不能寻求无线电干扰保护。

(4)上述频段的信道配置,所用无线电设备发射功率、无用发射限值和接收机的邻道选择性应符合相关要求。

(5)频率使用、无线电台站设置和所用无线电发射设备应符合国家无线电管理及无人驾驶航空器系统管理有关规定。

5.2.2 无人机链路系统简介

无人机数据链是一个多模式的智能通信系统,能够感知其工作区域的电磁环境特征,并根据环境特征和通讯无人机数据链要求,实时动态的调整通信系统工作参数(包括,通信协议、工作频率、调制特性和网络结构等)达到可靠通信或节省通信资源的目的。

无人机通信链路,主要指用于无人机系统传输控制、无载荷通信、载荷通信三部分信息的无线电链路。根据 ITU－R M.2171 报告给出的定义,无人机系统通信链路是指控制和无载荷链路,主要包括指挥与控制(C&C)、空中交通管制(ATC)、感知和规避(S&A)三种链路。

通信网络中两点结点之间的物理通道称为通信链路。

根据通信链路的连接方法,可把通信链路分为:

(1)点对点连接通信链路,这时的链路只连接两个结点;

(2)多点连接链路,指用一条链路连接多少个($n>2$)结点。

根据通信方式不同,可把链路分为:

(1)单向通信链路;

(2)双向通信链路。

控制站与无人机之间进行的实时信息交换便需要通过通信链路来实现。地面控制站需要将指挥、控制以及任务指令及时地传输到无人机上,同样,无人机需要将自身状态(速度、高度、位置、设备状态等)以及相关任务数据发回地面控制站。无人机系统中的通信链路也常被称为数据链。民用无人机系统一般使用点对点的双向通信链路,也有部分无人机系统是使用单向下传链路。

5.2.3 无人机数据链路

无人机数据链路按照传输方向可以分为:上行链路和下行链路。上行链路主要完成地面站到无人机遥控指令的发送和接受,下行链路主要完成无人机到地面站的遥测数据以及红外或电视图像的发送和接收,并根据定位信息的传输利用上下行链路进行测距,数据链性能直接影响到无人机性能的优劣。

当无人机超出无线电视距范围时,需要采用中继方式实现地面指挥与无人机群间的通信,目前常用的中继通信有无人机中继通信和卫星中继通信。无人机中继通信一般由地面站、中继无人机和任务无人机组成。卫星中继通信一般由机载用户终端和卫星中继站组成。

5.2.4 无人机通信模块

1. 数传模块

无人机数据链路主要完成地面控制站对无人机的遥控、遥测、任务传感器等信息的传输,实现地面控制站与无人机之间的数据收发和跟踪定位。遥测链路有数传模块和地面站两部分组成。数传模块包含机载收发模块和地面站收发模块,如图5-8所示。

如果需要几公里甚至更远的数传距离,则需要使用大功率的数传电台。如图5-9所示。

图5-8 数传模块发射与接收

图5-9 数传电台

2. 图传模块

图传的作用是将无人机在空中拍摄的画面实时传输到地面或操控手的显示设备上,使操控手能够身临其境地获得无人机远距离飞行时相机所拍摄的画面。

现有的图传主要有模拟和数字两种.而其组成部分主要有发射端、接收端和显示端三部分。

(1)模拟图传。早期的图传设备采用的都是模拟制式,它的特点是只要图传发射端和接收端工作在一个频段上,就可以收到画面。模拟图传价格低廉,可以多个接收端同时接收视频信号,模拟图传的发射端相当于广播,只要接收端的频率和发射端的频率一致,就可以接收到视频信号,方便多人观看,工作距离较远。

(2)数字图传。专用的数字图传,它的视频传输方式是通过 2.4G 或 5.8G 的数字信号进行。

专用数字图传一般集成在遥控器内,只需在遥控器上安装手机或平板电脑作为显示器即可,图像传输质量较高.分辨率可达 720P 甚至 1080P,实时回看拍摄的照片和视频

图 5-10 图传模块

方便。因为集成在机身内.可靠性较高,一体化设计较为美观。低端产品的有效距离短,图像延迟问题比较严重,影响飞行体验和远距离飞行安全。图传模块如图 5-10 所示。

5.3 无人机发射与回收系统

发射回收系统保证无人机顺利完成起飞升空,并在执行完任务后保证无人机从天空安全降落到地面。多旋翼无人机和无人直升机的发射回收一般采用垂直起降的方式,固定翼无人机发射与回收的技术有好多种。这里主要介绍固定翼无人机的发射和回收方式。

5.3.1 无人机的发射方式

无人机的发射方法有很多,目前常见的发射方式有手抛发射、起落架滑跑发射、母机空中发射、火箭助推发射、车载发射、轨道发射等方法。

1. 手抛发射

这种方式很实用,但仅适用于重量相对较轻的飞行器,这类飞行器载重量低,动力适当。轻型无人机可以手持发射,功率强大的无人机,起飞时不需要借助外力弹射,只需松手即可。一般使用于小型和微型的无人机多采用此种方法放飞,如果无人机超过一定体积,起飞速度超过一定范围,手动投掷协助起飞会变得很危险,甚至根本不可能成功。手持引擎填满燃料的无人机,在凹凸不平的地面上奔跑,很可能造成严重的人身伤害,尤其是,如果撞上正在旋转推进的螺旋桨上,后果不堪设想。手抛发射如图 5-11 所示。

2. 起落架滑跑发射

需要有一块平整好的无人机起飞场地,无人机上装有起落架,发动机启动后,由地面操纵员通过遥控设备或由机上的程序控制设备自动操纵无人机在跑道上滑跑,当无人机达到一定速度后,便能离地升空飞行。起落架滑跑发射如图 5-12 所示。

3. 母机空中发射

一般由大型飞机(母机)携带到空中,尤其是靶机是装载在固定翼飞机上从空中发射的,这些无人机通常都具有较高的失速,由涡轮喷气发动机提供动力。母机空中发射如图 5-13 所示。

图 5-11　手抛发射

图 5-12　起落架滑跑发射

4. 火箭助推发射

有些无人机通常也在地面上利用火箭助推发射。火箭助推发射方式为使飞行器达到起飞速度通常需要有效作用距离上施加一个发射力,但一般要求在一段很长距离内把发射力施加在飞机上,以使其达到飞行速度。因此需要无人机在一台或多台火箭发动机推力作用下飞离发射装置。在应用火箭助推发射前,必须仔细地对推力线进行校准,以确定飞行器没有施加任何力矩,从而避免控制问题的出现。火箭助推发射如图 5-14 所示。

图 5-13　母机空中发射

图 5-14　火箭助推发射

5. 垂直起飞

垂直起飞方式有两种类型:旋翼垂直起飞和固定翼垂直起飞。旋翼垂直起飞以旋翼作为无人机的升力工具,旋转旋翼使无人机垂直起飞,其原理和直升机一样。固定翼垂直起飞,在无人机上配备垂直起飞用发动机,在该发动机推力作用下,飞机垂直起飞。垂直起飞这种起飞方式不受场地面积与地理条件的限制,所以适用范围广。另外还有复合垂直起飞无人机,

6. 车载发射

就是将飞机及其配件装载在发射车顶上,鼓足劲儿驾车飞驰。

7. 轨道发射

有些无人机通过导轨或轨道加速到发射速度的装置称为轨道发射器。

5.3.2 无人机的回收方式

目前无人机的回收方式主要有伞降回收、撞网回收、起落架滑轮着陆、空中勾取回收等。

1. 起落架/滑跑着陆

起落架/滑跑着陆是大多数固定翼无人机采用的方式，其原理与有人驾驶飞机类似，需要专用跑道或者开阔的场地，因此缺乏灵活性。为了缩短滑跑距离，有些无人机会在尾部装上尾钩，在滑跑过程中，尾钩勾住地面的拦截锁，通过拦截锁的弹性变形吸收无人机的动能。起落架着陆回收如图 5-15 所示。

2. 伞降回收

伞降回收是国内外中小型无人机经常采用的方式之一。伞降回收具有结构简单，回收场地要求不高，可重复使用以及成本低廉等优点。在回收过程中，当无人机到达预定回收区中心点上空时，其所配备的降落伞会按照预定程序或者在地面站的指挥下开伞，使无人机缓缓着陆，整个过程较为简单，对操作人员的要求也比较低。但其缺点也显而易见：降落伞对无人机来说是一种载荷，且需要占据机身内有限的空间；由于无人机下降速度较快，在着陆瞬间，机体容易受到较强烈的冲击，造成损伤，如果在海上降落，则需要为无人机具备足够的防水能力，且打捞过程也比较麻烦，甚至可能需要借助专业的海上回收设备。无人机伞降回收一般应用在低速无人机上。低速无人机主要是指速度在 220 km/h 以下的无人机。伞降回收如图 5-16 所示。

图 5-15　起落架着陆回收　　　　　图 5-16　伞降回收

改进伞降回收的一个有效办法是：为无人机配备减震气囊。在无人机飞行期间，气囊置于机体身内部，主伞打开后，气囊充气并自动伸出，以吸收无人机与地面接触瞬间的冲击能量，避免设备损伤。着陆完成后，排除气囊内的气体，方便再次使用。这种气囊不仅可以缓解着陆冲击，还能防止着陆过程中间出现反弹现象。

3. 撞网回收

撞网回收指的是无人机在地面无线设备和自动引导设备的引导下，逐渐降低高度，减小速度，然后正对着拦截网飞去，从而达到回收的目的。完整的拦阻网系统通常由拦阻网/绳、能量吸收装置和自动引导设备组成，可以使无人机在撞网后，速度很快降为零，且不受场地限制，尤其适用于舰上回收。国内外无人机撞网回收的典型结构有两大类：双网和单网。双网主要是指双网双杆结构。但由于网的面积有限，在气象状况不好时，难以保证无人机准确入网。一旦出现偏差,撞击到其他设施,后果不堪设想。当无人机返航时、地面控制站要求无人机以小角度下滑,最大速度不得超过120 km/h,一般主要应于小型无人机的回收。撞网回收如图5-17所示。

4.绳钩回收

绳钩回收指的是利用绳索抓捕无人机翼尖小钩来实现回收的一种方式,主要由翼尖小钩、回收绳、吸能缓冲装置、导引装置等组成,占用空间小,且不易受天气影响。绳钩回收如图5-18所示。

图5-17　撞网回收　　　　　　图5-18　绳钩回收

5.垂直着陆回收

垂直着陆回收分为旋翼航空器垂直着陆和固定翼垂直着陆。旋翼航空器垂直着陆。是以旋翼旋转作为获取升力的来源,操纵旋翼的旋转速度,使无人机垂直着陆。固定翼垂直着陆,是以发动机推力直接抵消重力。垂直着陆回收方式只需小面积回收场地,因不受回收区地形条件的限制而特别受到青睐。

6.气囊方式回收

气囊不仅可以配合降落伞使用,也可以单独作为一种着陆方式使用。这种方式不需要起落架和降落伞,在无人机的机腹下装有气囊,无人机在着陆前打开气囊,然后直接触地即可借此实现缓冲目的,以避免猛烈撞击产生不良后果。但需要注意的是,依靠气囊直接着陆,缓冲能力有限,一般只适用于微小型无人机。

5.4　无人机地面站与任务规划系统

5.4.1　无人机地面站

1.无人机地面站系统典型配置

地面站作为整个无人机系统的作战指挥中心,其控制内容包括:飞行器的飞行过程、飞行航迹、有效载荷的任务功能、通讯链路的正常工作以及飞行器的发射和回收。无人机地面站如图5-19所示。

无人机地面站的典型配置有：

(1)系统控制站；

(2)飞行器操作控制站；

(3)任务载荷控制站；

(4)数据分发系统；

(5)数据链路地面终端；

(6)中央处理单元。

2.无人机地面站的典型功能

(1)飞行器的姿态控制。

(2)有效载荷数据的显示和有效载荷的控制是无人机任务的执行单元。

(3)任务规划、飞行器位置监控及航线的地图显示任务规划主要包括处理战术信息、研究任务区域地图、标定飞行路线及向操作员提供规划数据等。

图 5-19　无人机地面站

(4)导航和目标定位。

(5)与其他子系统的通信链路。

3.无人机典型的地面站软件

目前国内地面站软件较多，如大疆、零度、极飞、拓攻、普宙等无人机公司都有自己的地面站软件。下面介绍典型的地面站软件－DJI GS PRO 地面站。

DJI GS PRO 地面站电脑版就是大疆无人机地面站软件，软件的主要作用就是规划大疆无人机的航线，另外，还有飞行控制和建图航拍的功能。

DJI GS PRO 地面站软件界面如图 5-20 所示。

图 5-20　DJI GS PRO 地面站软件界面

DJI GS PRO地面站电脑版功能介绍：

(1)测绘航拍区域模式。DJI GS Pro能高效生成航线任务，它可根据用户设定的飞行区域以及飞行器相机参数，智能规划飞行航线，执行航拍任务，并支持将航线任务保存至本地。将拍摄得到的照片导入PC端3D重建软件，即可生成拍照区域的3D地图。

(2)智能航点飞行。用户能够自行设定多个航点；可以设定航点的飞行高度，飞行速度，飞行器偏航角，飞行器旋转方向，云台俯仰角度等参数；最多可为每个航点设定15个连续的航点动作；支持设定飞行任务完成动作，包括自动返航，悬停，自动降落。

(3)虚拟护栏。DJI GS Pro的虚拟护栏功能可以在手动农药喷洒、手动飞行等操作情形中保证飞行器的安全。

5.4.2 无人机任务规划系统

1.概念与目标

无人机任务规划是指根据无人机需要完成的任务、无人机的数量以及携带任务载荷的类型，对无人机制定飞行路线并进行任务分配。

任务规划的目标是依据地形信息和执行任务的环境条件信息，综合考虑无人机的性能、到达时间、耗能、威胁以及飞行区域等约束条件，为无人机规划出一条或多条自出发点到目标点的最优或次优航迹，保证无人机高效、圆满地完成飞行任务，并安全返回基地。

2.无人机任务规划主要功能

(1)任务分配功能。充分考虑无人机自身性能和携带载荷的类型，可在多任务、多目标情况下协调无人机及其载荷资源之间的配合，以最短时间以及最小代价完成既定任务。

(2)航迹规划功能。在无人机避开限制风险区域以及油耗最小的原则上，制定无人机的起飞，着陆，接近监测点，监测区域，离开监测点、返航及应急飞行等任务过程的飞行航迹。

(3)仿真演示功能。能够实现飞行仿真演示、环境威胁演示、监测效果演示。可在数字地图上添加飞行路线，仿真飞行过程，检验飞行高度，油耗等飞行指标的可行性；可在数字地图上标志飞行禁区，使无人机在执行任务过程中尽可能避开这些区域；可进行基于数字地图的合成图像计算，显示不同坐标与海拔位置上的地景图像，以便地面操作人员为执行任务选取最佳方案。

3.无人机常用的任务规划方法

任务规划由任务理解、环境评估、任务分配、航迹规划、航迹优化和航迹评价等组成。其主要流程如下：

(1)整个流程始于接收到的上级下发的任务、命令，首先对任务进行保存，提供查阅和显示。

(2)其次辅助操作人员进行任务理解，分析任务执行的地理区域、时间区间，任务所包含的目标航点数，各个航点的位置、重要程度等情况。根据任务涉及的区域查询并显示地形概况、禁飞区和障碍物分布情况及气象信息，为航迹规划提供环境情况依据。

(3)然后进行任务分配，在这个过程里提供可用的无人机资源和着陆点的显示，辅助操作人员进行载荷规划、通信规划和目标分配。

(4)下一步是航迹规划，在目标分配的基础上，根据环境变化情况、航速、飞行高度范围、燃油量和设备性能制定飞行航迹,并申请通信保障和气象保障。

(5)航迹规划完成后,系统根据无人机飞行的最小转弯半径和最大俯仰角对航迹进行优化处理,并制定出适合无人机飞行的航迹。

(6)最后生成计划,保存并发送。

4. 无人机航迹规划

无人机航迹规划是任务规划的核心内容,需要综合应用导航技术,地理信息技术以及远程感知技术,以获得全面详细的无人机飞行现状以及环境信息,结合无人机自身技术指标特点,按照一定的航迹规划方法,制定最优或次优路径。因此,航迹规划需要充分考虑电子地图的选取、标绘、航线预先规划以及在线调整时机。

5.5　无人机任务载荷

5.5.1　概述

任务载荷是指那些装备到无人机上为某种完成任务的设备的总称,包括执行电子战、侦察和武器运输等任务所需的设备。无人机的任务载荷的快速发展极大地扩展了无人机的应用领域,无人机根据其功能和类型的不同,其上装备的任务载荷也不同。

无人机支持多种任务载荷,按照载荷种类的不同,无人机任务载荷可分为光学类任务载荷和功能类任务载荷,根据不同场景的应用需求,无人机可选择合适的任务载荷。

5.5.2　光学类任务载荷

光学类挂载有倾斜摄影模块、热成像模块、实时视频传输模块、合成孔径雷达模块、侦察取证模块等。

1. 倾斜摄影模块

倾斜摄影是通过在同一飞行平台上搭载多台传感器,同时从垂直、侧视等不同的角度采集影像,将用户引入了符合人眼视觉的真实直观世界,有效弥补了传统正射影像只能从垂直角度拍摄地物的局限。专业倾斜相机由五个摄像头组成,中间相机拍摄正射影像,其余四个相机拍摄倾斜影像。倾斜摄影相机如图5-21所示。

图 5-21　倾斜摄影相机

应用领域:数字城市,城市规划,交通管理,数字公安,消防救护,应急安防,防震减灾,国土资源,地质勘探,矿产冶金等。

2.热成像模块

(1)热成像仪。为了提高无人机全天候实时观测能力,将红外热成像技术应用于空中探测,即利用红外热成像光谱探测器对具有热泄露的地面物体进行探测,并将温度高于其周围背景的地物通过热白图像实时记录并传输至地面监测设备,或存储在机载电子盘上。

红外热像仪需要借助一定的稳定转台,用以隔离无人机飞行对航摄的影响,以及根据观测要求实时改变其光学镜头的指向,红外热像仪如图5-22所示。

红外热成像技术已在民用和军事领域都得到了广泛应用,可应用于犯罪嫌疑人夜间搜捕,还可以进行侦察、搜救,极大地提高了观测系统的全天候侦测能力。

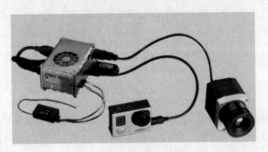

图5-22 红外热成像仪

(2)光电吊舱。光电吊舱采用高精度两轴陀螺稳像系统,搭载红外热像仪和高清可见光,能提供可见光和热像仪的视频图像,可用于森林火灾隐患巡查、灾情监测、森林生长态势监测。光电吊舱如图5-23所示。

图5-23 光电吊舱

3.合成孔径雷达模块

合成孔径雷达模块一般包括发射器、雷达天线、接收机、记录器四个部分。合成孔径雷达如图5-24所示。合成孔径雷达(SAR)是一种主动探测方式的微波成像遥感系统,SAR载荷与无人机相结合使得无人机系统具备了全天候全天时的探测能力。SAR 具有分辨率高、探测距离远、探测范围大、工作效率高、不受云雾雨雪遮挡等优点。合成孔径雷达可用于无人机空中侦察,也可用于森林病虫害检测、森林树种分类检测等。

图 5 - 24　合成孔径雷达

4. 侦察取证模块

侦察取证模块如图 5 - 25 所示,该模块使用高清摄像机,挂载云台,支持航向、俯仰、横滚三个维度运动,专门为公安侦查取证用,可远程获得高清晰多角度照片,为案件侦查提供有力图证。

图 5 - 25　侦察取证模块

另外,还有实时视频传输模块。

5.5.3　功能类任务载荷

功能类挂载有空中喊话模块、空中投掷器模块、物流箱模块、空中救生模块、空中捕捉网模块、空中探照灯模块、气体探测模块、降落伞模块、系留模块、测温模块、高温回避模块、中继通信模块、空中通用发射模块、智能避障模块、植保喷洒模块等。

1. 空中喊话模块

空中喊话器即以飞行器为搭载平台可以无线空中扩音的装置。空中喊话器如图5-26所示。目前空中喊话器具有一定的应用前景。在森林防火,火灾救援,灾区搜救,交通治安,林场看护、大型活动安保及群体性事件的处置应用等场合可以起到很大的作用。

2. 空中抛投模块

空中抛投模块如题5-27所示,该模块可以携带各种载荷,能够快速反应第一时间直接到达投放区域上空,利用远程可视瞄准系统精准投放灭火弹、救援物资等物品。

图5-26 空中喊话器模块

图5-27 空中抛投模块

3. 物流箱模块

物流箱模块如图5-28所示,该模块采用碳纤维材质,内部空间大,可容纳物品。

4. 空中救生模块

空中救生模块如图5-29所示。该模块针对水面救援的需求,可以远程投放救生圈,利用机载图像传输瞄准系统将救生圈精准投射至落水救援目标。

图5-28 物流箱模块

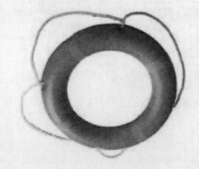

图5-29 空中救生模块

5. 空中捕捉网模块

空中捕捉网模块如图5-30所示。该模块能够利用无人机从空中发射捕捉网,实现对犯罪嫌疑人或肇事无人机空中撒网抓捕。

6. 空中探照灯模块

空中探照灯模块如图 5-31 所示。空中探照灯模块不仅具有很强的发光方向性和很远的光线投射距离,而且比较容易改变灯光的照射方向。利用无人机的机动性,对案发或火灾现场进行照射,方便执法部门在黑暗处执行任务,也可以用于夜间灭火救援、水域救援、山岳救援、现场指挥等方面,为救援人员提供清晰的夜间视野。

图 5-30　空中捕捉网模块

图 5-31　空中探照灯模块

7. 气体探测模块

气体探测模块搭载气体传感器,可识别和自动检测现场 CO,CH4,SO2,H$_2$S,NO2,PM2.5 等可燃或有毒气体的浓度,主要包括空气质量检测、环保监测、应急消防、化工厂污染排查、应急事故火灾等环境突发事件引发的大气环境污染、有毒有害气体的常规巡查、城市低空大气质量状况监测。气体检测仪如图 5-32 所示。

8. 降落伞模块

降落伞模块如图 5-33 所示。该模块拥有独立于飞控和动力的电路系统,无人机断电即可开伞,并采用多重保护,使无人机安全着陆。

图 5-32　气体探测仪模块

图 5-33　降落伞模块

9. 系留模块

系留模块如图 5-34 所示。该模块由系留机载电源、智能电缆收放装置、地面大功率电能变送模组等构成。该系留模块解决了电池容量对旋翼无人机续航时间的限制,实现旋翼无人机的长时间滞空。能够用于特殊现场长时间的监控、交通道路远距离监控、赛事长时间现场播报、森林防火及农场监控、工业现场监控及空气质量检测。

10. 测温模块

测温模块如图5-35所示。该模块能实时测量温度并转换成可用输出的信号,广泛应用于消防、公安武警、应急救援、森林防火等行业。

11. 高温回避模块

高温回避模块如图5-36所示。该模块能实时监测现场温度,遇到大火、高温等紧急情况时,能够自动控制无人机远离现场。

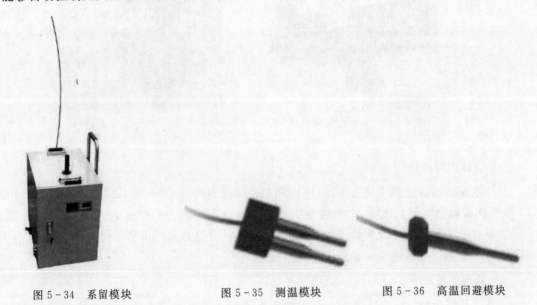

图5-34　系留模块　　　　　　图5-35　测温模块　　　　图5-36　高温回避模块

12. 中继通信模块

中继通信模块如图5-37所示。该模块可提供通信中继功能,适合于通信传输盲区的音视频数据传输接力。避免由地面物理障碍造成的通信传输死角,可以使公安对讲机的传输距离加长。

13. 空中通用发射模块

空中通用发射模块如图5-38所示。该模块利用远程可视瞄准系统,可精准对目标区域进行单发或多发定点投射,适用于恶性暴力事件或暴恐现场处置。

图5-37　中继通信模块　　　　　图5-38　空中通用发射模块

14. 智能避障模块

智能避障模块如图 5-39 所示。智能避障模块是利用多个智能避障传感器,实时检测障碍物与无人机之间的距离,从而实现无人机飞行时的自动避障,为无人机在飞行作业环境恶劣、复杂或者飞行高度较高、距离较远时提供可靠的安全保障。

15. 植保喷洒模块

植保喷洒模块如图 5-40 所示。植保喷洒模块通常由储药箱、农药喷杆、压力喷头、药管快拆连接头、水泵以及水泵降压调速器等组成。植保喷洒模块的主要功能是喷药灭虫或喷洒肥料水。配好的农药装入药箱,水泵提供动力引流,再通过导管到达喷头,将农药均匀喷洒到作物表面。使用植保无人机喷洒农药具有喷洒农药效率高,喷洒效果好,喷洒均匀;成本低等优点。

图 5-39　智能避障模块

图 5-40　植保喷洒模块

思 考 题

1. 无人机的电气系统是由哪几部分组成的?

2. 无人机电源系统是由哪几部分组成的?

3. 飞机上典型的配电方式有哪些?

4. 无人机图传和数传各有什么作用?

5. 无人机的发射方式有哪些?

6. 无人机的回收方式有哪些?

7. 无人机任务规划是由哪几部分组成的?

8. 无人机任务规划的主要功能有哪些?

9. 无人机地面站有哪些控制内容?

10. 无人机地面站的典型配置有哪些?

11. 无人机地面站的典型功能有哪些?

12. 无人机光学类任务载荷有哪些?

13. 无人机功能类任务载荷有哪些?

参考文献

[1]Paul G Fahlstrom ,Thoma J Gleason. 无人机系统导论[M].吴汉平,译.北京:电子工业出版社,2003.

[2]许春生.燃气涡轮发动机(ME－TA、TH)[M].北京:兵器工业出版社,2006.

[3]王细洋.航空概论[M].北京:航空工业出版社,2006.

[4]朱宝鎏.无人飞机空气动力学[M].北京:航空工业出版社,2006.

[5]丑武胜,贾玉红,何宸光,等.空中机器人(固定翼)专项教育教材[M].哈尔滨:哈尔滨工程大学出版社,2013.

[6]刘让贤,晏初红.航空概论[M]. 北京:航空工业出版社,2013.

[7]任仁良,张铁纯.涡轮发动机飞机结构与系统(ME－TA):下册[M].北京:兵器工业出版社,2014.

[8]孙毅.无人机驾驶员航空知识手册[M].北京:中国民航出版社,2014.

[9]鲍凯.玩转四轴飞行器[M].北京:清华大学出版社,2015.

[10]鲁道夫·乔巴尔.玩转无人机[M].吴博,译.北京:人民邮电出版社,2015.

[10]王宝昌.无人机航拍技术[M].西安:西北工业大学出版社,2017.

[11]于明清,司维钊.无人机飞行控制技术[M].西安:西北工业大学出版社,2018.

[12]谢志明.无人机电机与电调技术[M].西安:西北工业大学出版社,2020.